浙江省普通高校"十三五"新形态教材

微信小程序开发
边做边学

——微课视频版

◎ 诸葛斌 张淑 陈伟昌 斯文学 吴晓春 蒋献 朱咸军 编著

清华大学出版社
北京

内 容 简 介

本书是与中国大学慕课(爱课程)平台、网易云课堂平台上建设的"微信小程序开发从入门到实践"视频课程完全配套的教材,通过丰富而又详尽的案例解析帮助零基础新手掌握小程序开发入门技能。

全书共10章,内容分为三部分。第一部分为入门篇,包括第1、2章,介绍小程序开发工具、开发流程以及通过简单案例熟悉小程序代码;第二部分为基础篇,包括第3~9章,是全书的核心内容,通过教学视频的演示,进行前后台以及数据库全栈开发练习,循序渐进地完成基于豆豆云助教案例裁减开发的教学子模块学习,从而掌握小程序开发基础;第三部分为提高篇,即第10章,提供一个基于云开发的案例讲解。

本书内容翔实,在与视频课程内容完全契合的基础上对知识点进一步讲解,是学习微信小程序开发的理想图书,既可作为小程序爱好者的零基础入门读本,也可作为计算机相关专业学生的教材。

本书封面贴有清华大学出版社防伪标签,无标签者不得销售。
版权所有,侵权必究。侵权举报电话: 010-62782989 13701121933

图书在版编目(CIP)数据

微信小程序开发边做边学:微课视频版/诸葛斌等编著.—北京:清华大学出版社,2020.7
(21世纪新形态教・学・练一体化规划丛书)
ISBN 978-7-302-55513-1

Ⅰ.①微…　Ⅱ.①诸…　Ⅲ.①移动终端-应用程序-程序设计　Ⅳ.①TN929.53

中国版本图书馆CIP数据核字(2020)第084276号

责任编辑:黄　芝　张爱华
封面设计:刘　键
责任校对:白　蕾
责任印制:丛怀宇

出版发行:清华大学出版社
　　　　网　　址:http://www.tup.com.cn,http://www.wqbook.com
　　　　地　　址:北京清华大学学研大厦A座　　　　邮　　编:100084
　　　　社 总 机:010-62770175　　　　　　　　　　邮　　购:010-83470235
　　　　投稿与读者服务:010-62776969, c-service@tup.tsinghua.edu.cn
　　　　质量反馈:010-62772015, zhiliang@tup.tsinghua.edu.cn
　　　　课件下载:http://www.tup.com.cn,010-83470236
印 装 者:北京国马印刷厂
经　　销:全国新华书店
开　　本:203mm×260mm　　印　张:16.5　　字　数:387千字
版　　次:2020年8月第1版　　　　　　　　　印　次:2020年8月第1次印刷
印　　数:1~2500
定　　价:49.80元

产品编号:081900-01

FOREWORD

前　言

小程序是一种不需要下载即可使用的互联网应用,无须担心手机内存是否够用,具有速度快、无须适配、分享方便、体验出色等优势,成为当下用户的新选择。同时,对于开发人员来说,小程序的开发门槛越来越低,第一,微信提供了插件、云开发、小程序助手等服务,小程序开发具有便利性和简易性;第二,小程序对团队的依赖逐步减少,通过小程序个人也能独立开发出一个完整的互联网应用;第三,微信还提供了开发者开放社区,用于开发者技术交流和共享,各类小程序开发教学课程也层出不穷。对于企业来说,小程序也有着得天独厚的优势,其线上服务一般比较简单,并且只有在用户需要的时候才会开启,这就凸显了小程序的独特性,低门槛的开发也为大大小小的企业提供线上服务创造了机会,并且用户只需要"发现"入口就能找到附近的门店。小程序正在为商家带来客流量,变现方式越来越多。对于生活中的每个人而言,只要是日常生活中能想到的问题,都有可能通过小程序去解决。小程序越来越契合生活场景,也在慢慢融入人们生活的方方面面。

为了更好地服务广大微信小程序学习者,让每个知识点都有章可循,作者在归纳整理课程教学内容的基础上完成了本教材的编写工作,使得本团队在中国大学MOOC网上同步建设的"微信小程序开发从入门到实践"课程更为系统,逻辑性更强。该课程已进行三轮教学实践尝试,第一轮为校内大四同学毕业实训,共70位同学用了10个半天完成了10次教学内容的学习,课程结束后有近20名同学选择用小程序开发相关的毕业设计;第二轮是130位2017级的大二同学参与的小程序开发选修课,每周3节课,共15周,期末自主组队完成75个作品并参加全国高校微信小程序大赛,共有14个作品获奖,其中全国三等奖1名,华东赛区一等奖2名、二等奖3名、三等奖8名。正是因为我们的课程致力于理论与实战的双重建设,鼓励学生进行科技创新,做到让学生不只是精通理论知识,更要完成实际作品的开发,秉承实践至上的理念,才获得了如此丰硕的教学成果。第三轮为线上教学实践,2019.04.15—2019.07.14,中国大学MOOC网上的"微信小程序开发从入门到实践"课程顺利结束,这是该平台首门微信小程序课程,获得中国大学MOOC网首页重点推荐,选课人数超过2.4万人。在三轮教学实践过程中,本教材和教学视频也进行了三次更新,今后还将不断完善教学细节,为读者带来更优质的学习体验。

教育一直以来都是我国的立国之本、强国之基,不久前教育部更是提出了"两性一度"的金课标准。为了积极响应国家号召,也为了加快微信小程序的人才培养,提升学生的工程实践能力,依托多年在学生团队中进行微信在线平台研发实践积累,团队将计划建设系列微信应用开发实战课程,提升学生的微信小程序开发能力。产学合作、协同育人,教育不再只是课堂上的你讲我听,与企业合作,利用实际项目让学生学到最新、最热的知识才是符合时代要求的教育方式。2018年课程建设获腾讯微信事业部资助,并获教育部协同育人项目立项(201801002023)。依据该理念本团队开发运行了豆豆云助教小程序并在此基础上展开案例教学,将该案例分解为10个模块,模块间相互关联,通过教学视频演示完成10个模块的开发任务,每个实验都能使学生收获满满,激发了学生学习微信小程序的学习热情,让学生具备开发和解决复杂互联网问题的信息化应用能力。

全书共10章,分为三部分。

第一部分为入门篇,包括第1、2章,介绍小程序开发工具、开发流程以及利用简单案例熟悉小程序代码。其中第1章主要介绍小程序开发环境、如何安装开发工具并对开发者工具的各个板块进行说明,接着介绍代码目录结构的各个组成文件等;第2章通过对心理测试小程序这个案例的学习和基于该小程序进行代码迭代,实现了C语言习题测试小程序的开发,同时进一步了解如何通过修改现有案例来完成自己的小程序开发,从而深入理解小程序究竟是怎么一回事。

第二部分为基础篇,包括第3~9章。豆豆云助教小程序案例获得2018年高校微信小程序开发大赛华东赛区二等奖,上课时可以采用豆豆云小程序进行课堂签到和习题练习,增加学生们对该小程序的熟悉程度,提升对小程序的学习兴趣。教材使用的案例是对真实豆豆云小程序的一个裁减和简化,让其适合教学,再通过模块化讲解,让学生对整个学习过程和目标更加清晰,激发学习动力。第3章为豆豆云助教"我的"页面模块开发,学生在使用一款小程序或者一款App时,在屏幕底部都可以找到"我的",点击之后即跳转到显示个人信息的界面,这一章要做的就是建立这样一个可以授权登录、可以进行注册、注册完成后显示个人信息的"我的"页面;第4章讲解如何实现信息修改功能,例如修改姓名、性别等;第5章为豆豆云助教课程模块开发,作为一款教学应用小程序,豆豆云另一个必不可少的就是课程页面,通过该页面可以实现申请加入某门课程的功能,需要建设做题模块、错题模块与收藏模块;第7章为豆豆云助教签到测距模块开发,豆豆云可以作为教师上课签到的工具,因此通过调用位置信息相关接口让学生进行在线签到,简单又实用;第8章和第9章为面向小程序的后台开发部分,为了让读者能够真正开发一款具有后台数据处理能力的小程序,本教材还简单讲解了后台与数据库部分内容,后台有阿里云、新浪云、腾讯云等云平台之分,也有开发者工具自带的云开发供选择。本教材主要通过对比,讲解如何在本地和依托新浪云建立基于云服务的小程序后台平台,让每位学生都具有独立开发微信小程序+云平台的在线信息处理平台能力。由于课程时长有限,加上篇幅有限,这部分内容重点让学生掌握基于豆豆云后台如何实现对数据库的增加、删除和修改,以及如何添加新的接口,更为详细的后台开发内容非常多,需要学生单独学习。

第三部分为提高篇,即第10章,讲解如何基于开发者工具自带的云进行小程序开发,对此选择了团队开发的一款"听写好助手"进行案例学习,对比了解如何利用自带云进行快速的后台开发。

附录A是对目前实际在使用的豆豆云进行讲解,通过一年多的运营,该小程序已经有了一万多用户,通过本部分的学习学生能认识到什么样的项目才具有市场价值。小程序的生命力就在于用户,一款小程序必须能够帮助用户,给用户带来价值,从而实现小程序自身的价值。

金课品质,打造精品。无论是课程还是教材,在开发过程中本团队始终怀有一颗赤诚之心去打造符合标准的"金课"与"金教材"。本教材的章节分布与课程内容同步,知识点讲解更为精细明了,让读者能够拥有良好的学习体验是我们一直秉承的理念和不断追求的目标。同时本教材也适用于对工科类基于微信创业团队的培养,通过参加相关的各类科技创新项目来提升学生的工程实践能力。正如一位学生的课后心得总结所说:"提供的资料非常充分,学习的过程十分顺利,配合视频的讲解,将这次小程序实训的难点和疑点都十分清楚地进行了讲解。通过屏幕左侧的模拟器页面能非常直观地看到每一段代码运行后的功能,受到了极大的鼓舞,强烈地激发了我的学习兴趣,毕竟很多书本知识都无法立即看到产生的效果。"

准备种子,就收获果实;准备努力,就收获成功;准备今天,就收获明天。许许多多的教学者,正如我,已经为所有想学、爱学、乐学的朋友准备好了知识的种子,而数量更加庞大的读者,正如你,是否已经足够努力去收获属于你的成功?

我们组建了一支包括教师、助教和小程序开发的教学团队,承担撰写教材、自主录制教学视频、制作多媒体课件、研发教学专用的项目源代码等一系列工作,并整理了包括错误集等各类参考文档。团队对每轮的学习记录都进行整理,及时反馈到教学内容中,不断进行持续改进工作,做到教学过程很顺畅、教学质量有保障。其中参与项目源代码撰写的主要同学有李俊君(豆豆云助教开发)、陈伟昌(豆豆云助教教学案例开发)、俞宇锋(听写好助手开发)。参与三轮教学的助教主要有张淑、陈伟昌、斯文学、邵瑜。参与课件编写的同学有倪靖靓、杨程。参与教学视频录制的有张淑、斯文学。此外整个学生开发团队对本教材的案例和内容整理提出了很多修改、反馈意见。清华大学出版社计算机与信息分社魏江江社长的热情指导让我们在一年多的教材撰写过程中充满信心,编辑黄芝、王冰飞在交流中不断给我们提出建议和鼓励,使得撰写教材的思路和方向更为清晰,使我们的教材内容能进行高效的迭代完善,最终成稿。在此对各位一并表示感谢。

由于作者水平有限,书中难免有疏漏之处,敬请读者批评指正。

本书配有微课教学视频,可扫描书中二维码观看视频。本书还提供教学大纲、教学课件和源程序,可扫描下方二维码下载。

作　者

2020 年 3 月

CONTENTS 目 录

第一部分 入 门 篇

第1章 微信小程序入门 ……………………………………………………………… 3
- 1.1 搭建微信小程序开发环境 ………………………………………………………… 4
  - 1.1.1 申请微信小程序账号 …………………………………………………………… 4
  - 1.1.2 安装微信小程序开发工具 ……………………………………………………… 9
  - 1.1.3 创建 Hello World 小程序 …………………………………………………… 10
- 1.2 开发工具的介绍 …………………………………………………………………… 14
  - 1.2.1 菜单栏 …………………………………………………………………………… 15
  - 1.2.2 工具栏 …………………………………………………………………………… 16
  - 1.2.3 模拟器 …………………………………………………………………………… 17
  - 1.2.4 编辑器 …………………………………………………………………………… 18
  - 1.2.5 调试器 …………………………………………………………………………… 19
- 1.3 小程序目录结构 …………………………………………………………………… 24
  - 1.3.1 项目配置文件 …………………………………………………………………… 24
  - 1.3.2 主体文件 ………………………………………………………………………… 24
  - 1.3.3 页面文件 ………………………………………………………………………… 29
  - 1.3.4 其他文件 ………………………………………………………………………… 30
- 1.4 小程序开发入门 …………………………………………………………………… 31
  - 1.4.1 微信小程序框架 ………………………………………………………………… 31
  - 1.4.2 Hello World 小程序的简单修改 ……………………………………………… 31
- 1.5 作业思考 …………………………………………………………………………… 38

第2章 "C语言习题测试"案例开发 ……………………………………………… 40
- 2.1 心理测试小程序安装与理解 ……………………………………………………… 40
  - 2.1.1 心理测试小程序安装 …………………………………………………………… 40
  - 2.1.2 心理测试小程序知识点理解 …………………………………………………… 42

2.1.3　心理测试小程序代码讲解 ·· 48
2.2　C语言测试小程序开发 ··· 48
　　2.2.1　增加D选项 ·· 48
　　2.2.2　修改题库 ··· 52
2.3　C语言测试逻辑修改 ·· 54
　　2.3.1　问题一：第一题与第二题相同 ······································ 55
　　2.3.2　问题二：无法完成第20题的做答 ·································· 56
2.4　添加做题结果 ·· 58
　　2.4.1　test页面修改 ·· 58
　　2.4.2　result页面修改 ··· 60
2.5　小程序发布流程 ·· 62
　　2.5.1　发布前准备 ·· 62
　　2.5.2　小程序上线 ·· 63
2.6　作业思考 ··· 65

第二部分　基　础　篇

第3章　豆豆云助教"我的"页面模块开发 ······································ 69

3.1　授权登录页面 ·· 69
　　3.1.1　授权页面知识点讲解 ·· 70
　　3.1.2　授权登录页面实现 ··· 76
3.2　注册页面 ··· 82
　　3.2.1　注册页面知识点讲解 ·· 82
　　3.2.2　注册页面实现 ·· 85
3.3　"我的"页面 ··· 89
　　3.3.1　"我的"页面知识点讲解 ·· 89
　　3.3.2　"我的"页面实现 ··· 91
3.4　作业思考 ··· 94

第4章　豆豆云助教"信息修改"模块开发 ···································· 97

4.1　myinfo页面调整 ·· 98
　　4.1.1　性别信息显示调整 ··· 98
　　4.1.2　增加页面跳转 ·· 99
4.2　change页面实现 ··· 102
　　4.2.1　change页面布局 ··· 102
　　4.2.2　change页面逻辑 ··· 103
　　4.2.3　添加事件处理函数 ·· 104

4.3 配置文件的使用 …… 108
4.4 作业思考 …… 109

第5章 豆豆云助教课程模块开发 …… 111

5.1 申请课程号 …… 111
5.2 课程模块页面布局 …… 113
 5.2.1 课程信息模块页面布局 …… 114
 5.2.2 课程练习模块页面布局 …… 119
5.3 课程模块页面逻辑实现 …… 123
 5.3.1 请求加入课程逻辑 …… 123
 5.3.2 获取当前课程逻辑 …… 124
5.4 作业思考 …… 126

第6章 豆豆云助教课程练习模块开发 …… 128

6.1 引用驾校考题做题页面 …… 129
 6.1.1 驾校考题各类练习页面 …… 129
 6.1.2 wxml 文件引用 …… 131
 6.1.3 各类练习页面逻辑修改 …… 132
6.2 完成练习功能模块 …… 135
 6.2.1 小程序的 data-* 属性 …… 135
 6.2.2 实现页面跳转 …… 136
 6.2.3 添加页面样式 …… 139
 6.2.4 显示做题数量 …… 142
6.3 实现答错与收藏功能 …… 143
 6.3.1 显示答错数与收藏数 …… 143
 6.3.2 答错与收藏页面跳转 …… 144
6.4 作业思考 …… 148

第7章 豆豆云助教签到测距模块开发 …… 150

7.1 签到测距页面布局 …… 150
 7.1.1 添加签到 tabBar …… 151
 7.1.2 签到测距页面基本布局 …… 151
7.2 位置信息相关 API 调用 …… 154
 7.2.1 选择位置 API …… 154
 7.2.2 获取当前位置 API …… 156
7.3 实现测距功能 …… 158
 7.3.1 巧用 button 的 disabled 属性 …… 158

7.3.2　js实现经纬度测距 …… 161
7.4　作业思考 …… 163

第8章　初识后台与数据库 …… 164

8.1　本地环境安装与测试 …… 164
  8.1.1　安装WampServer与Sublime …… 164
  8.1.2　搭建本地环境 …… 167
8.2　后台API开发 …… 172
  8.2.1　API实现前台与后台交互 …… 172
  8.2.2　数据库的增加、删除、修改和查询 …… 175
8.3　作业思考 …… 179

第9章　接口开发与云平台 …… 182

9.1　查看做题情况API开发 …… 182
  9.1.1　做题情况页面布局 …… 183
  9.1.2　新建数据表 …… 184
  9.1.3　获取做题情况API开发 …… 185
  9.1.4　更新做题数据API开发 …… 187
9.2　新浪云环境配置 …… 194
  9.2.1　创建新浪云应用 …… 194
  9.2.2　代码版本管理 …… 195
  9.2.3　开启共享型MySQL服务 …… 199
9.3　作业思考 …… 202

第三部分　提　高　篇

第10章　初始云开发及实战 …… 207

10.1　我的第一个云开发小程序 …… 207
  10.1.1　新建云开发项目 …… 207
  10.1.2　开通云开发 …… 208
10.2　云开发数据库指引 …… 211
  10.2.1　新建集合 …… 212
  10.2.2　新增记录 …… 213
  10.2.3　查询记录 …… 214
  10.2.4　更新记录 …… 215
  10.2.5　删除记录 …… 216

10.3	快速新建云函数	218
10.4	云开发案例讲解	220
	10.4.1 待办事项案例讲解	221
	10.4.2 听写好助手案例讲解	222
10.5	作业思考	230

附录A 豆豆云助教小程序的安装与运行 ………………………… 233

- A.1 豆豆云助教功能设计 ………………………………………… 233
- A.2 豆豆云助教的安装流程 ……………………………………… 235
- A.3 豆豆云助教的发布流程 ……………………………………… 242

第一部分

入门篇

第1章

微信小程序入门

生活便是寻求新的知识。

——门捷列夫

何为新？将旧思想、旧技术、旧观念进行取精祛粕，再重新排列组合，使之适应乃至推动社会发展，再现勃勃生机，此为新。微信小程序就是这样一个例子。2017年1月，微信小程序正式问世，很多人不理解这种"用完即走，走了还会回来"的工具能有多大的影响力，甚至在2019年1月的微信公开课上，创始人张小龙坦言两年前他还在跟同事讨论小程序会如何"死掉"，而现在，他思考更多的是如何让创造价值的人获取回报。可以说，正是这款看起来"有点弱"的产品硬生生把互联网新周期的到来加快了10年，是它打破了长久以来限制颇多的开发环境以及让普罗大众望而却步的开发流程，给传统软件开发行业"撕"开了一扇新门。张小龙，这个靠微信封神的程序员，确实做了一件了不起的事情。"小程序面向的不是C端用户，也不是B端企业，而是D端（developer，开发者）"，这是吸引他留在微信的原因。多少年来，市场是王道，顾客是上帝，服务用户似乎成了互联网行业的唯一宗旨，而源头技术人员的开发体验却鲜有人问津，正如技术人员胡浩所说，能做一个服务其他开发者的东西出来，"实在太酷了"。

是的，真是太酷了，既让开发者觉得过瘾，又让用户觉得简便，同时开发难度低，在校学生学几个月也能做出自己的作品，同时还有强大的微信团队提供一条龙服务，全程保驾护航，发布之后属于开发者的小程序就能正式上线，让互联网行业真正走下神坛，不再是一门玄学。

故事讲完了，进入正题，本章对微信小程序开发的流程进行简单的了解。开发时首先需要进行微信小程序注册；然后下载微信官方的编译环境进行代码的开发；随之，代码开发完成之后，进行小程序的服务器和域名的部署，并在微信公众平台——小程序的后台配置好域名，通过Web开发者工具上传代码，登录微信小程序公众平台，提交代码审核，并等待微信公众号代码审核结果的通知；最后，登录微信公众平台小程序邮箱账号，配置小程序的页面类目，进行小程序发布，发布成功之后就可以正常使用了。本章以下内容将通过一个简单的例子来详细介绍开发流程的实现过程。

1.1 搭建微信小程序开发环境

本节主要介绍如何申请小程序账号与安装微信小程序开发工具。

1.1.1 申请微信小程序账号

想要进行微信小程序开发,必须有自己的微信开发者账号。微信公众平台的超链接为 https://mp.weixin.qq.com,以下是注册的具体过程。

在微信小程序的学习过程中,开发者可以以微信官方提供的简易教程为参考,简易教程链接为 https://developers.weixin.qq.com/miniprogram/dev/。进入简易教程后,选择"申请账号",并单击"小程序注册页"按钮进入小程序注册页面,如图1-1所示。

图1-1 微信公众平台小程序简易教程

小程序的注册流程共分为3步,即账号信息填写、邮箱激活、信息登记,如图1-2所示。

1. 账号信息

账号信息包括邮箱、密码、确认密码和验证码,填写完毕后,勾选"你已阅读并同意《微信公众平台服务协议》及《微信小程序平台服务条款》"复选框,勾选后单击"注册"按钮提交填写好的账号信息。

注意,所填邮箱必须满足以下条件:
(1)未注册过微信公众平台;
(2)未注册过微信开发平台;
(3)未用于绑定过个人微信号。

其中,每个邮箱只能申请一个小程序,如果开发者没有能满足条件的邮箱,可以先申请一个新的邮箱,再进行小程序账号的注册。

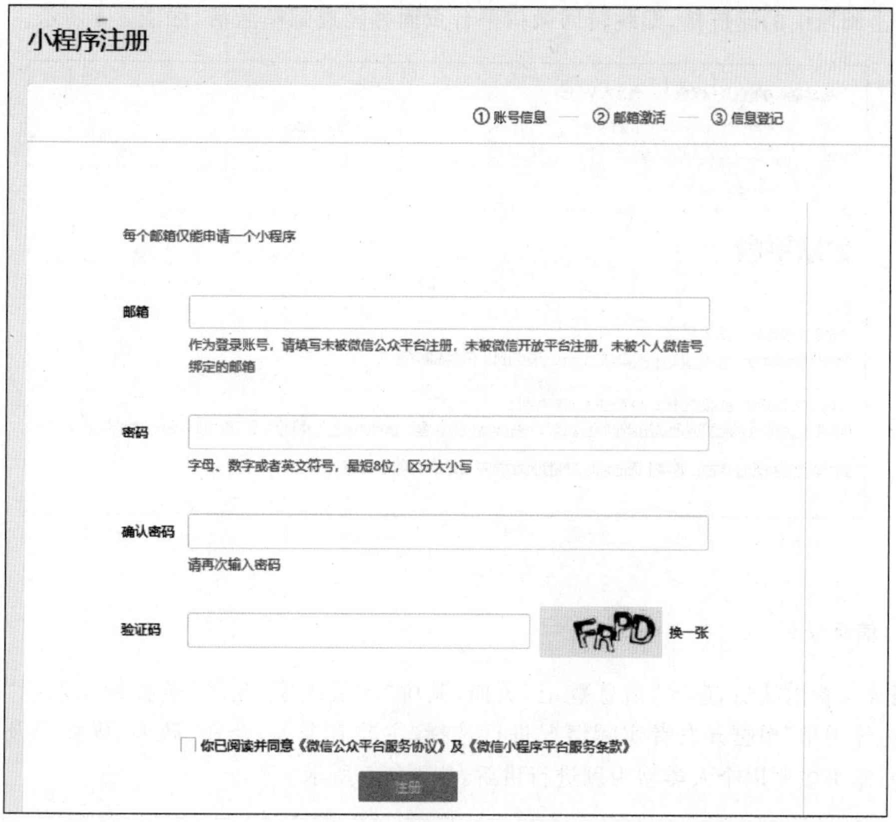

图 1-2　小程序注册页面

2. 邮箱激活

在账号信息提交后,进入"邮箱激活"页面,单击"登录邮箱"按钮,登录注册小程序的邮箱查看激活文件,如图 1-3 所示。

图 1-3　"邮箱激活"页面

单击邮箱中的超链接,即跳转回微信平台页面并完成邮箱激活,如图1-4所示。

图1-4 小程序激活邮箱

3. 信息登记

完成邮箱激活后,进入"信息登记"页面,其中"注册国家/地区"选择默认选项"中国大陆","主体类型"根据开发者实际情况进行选择,主要有个人、企业、政府、媒体以及其他组织5种,本书主要以个人类型为例进行讲解,如图1-5所示。

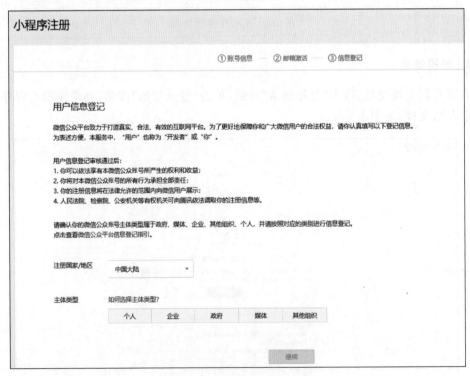

图1-5 小程序"信息登记"页面

选择个人类型后,页面会出现"主体信息登记",如图1-6所示。

图1-6 "主体信息登记"页面

填写主体信息时,用户需要如实填写身份证姓名、身份证号码和管理员手机号(注意,一个身份证号码或一个手机号只能注册5个小程序),然后单击"获取验证码"按钮,待手机接收到验证码后,填入接收到的6位验证码。

填写完管理员身份信息后,"管理员身份验证"一栏会自动生成一个二维码,开发者使用本人微信扫描页面提供的二维码,扫码后,手机微信会自动跳转到"微信验证"页面,如图1-7所示。开发者核对微信验证页面上所显示的姓名与身份证号无误后,单击"确定"按钮,系统会提示"你的身份已验证",如图1-8所示。

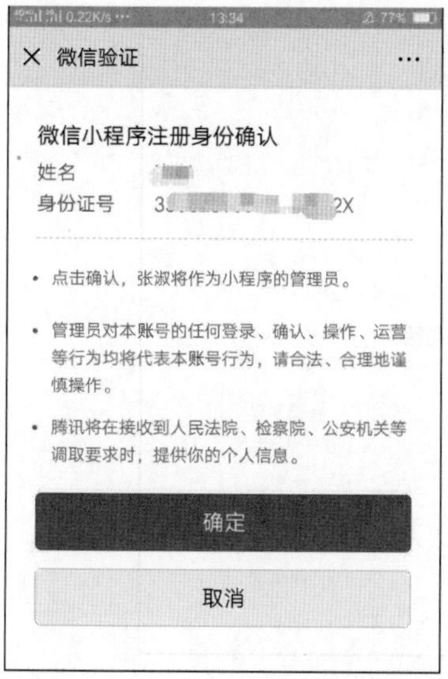

图1-7 手机微信验证身份确认　　　　图1-8 微信身份验证成功页面

手机微信上确认后,该微信号会被登记为管理员微信号,"信息登记"页面也会提示"身份验证成功",单击"继续"按钮进入下一步,系统弹出提示框,让开发者最后确认提交的主体信息,如图1-9所示。单击"确定"按钮,会弹出"信息提交成功"提示框,如图1-10所示。

图1-9　主体信息确认提示框

图1-10　"信息提交成功"提示框

此时单击"前往小程序"按钮直接进入小程序后台管理页面,如图1-11所示。管理员后续可通过访问微信公众平台(mp.weixin.qq.com)手动输入账号和密码登录小程序管理页面。

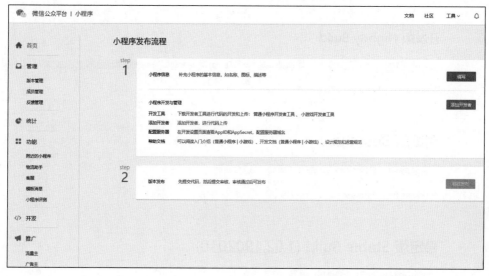

图1-11　小程序后台管理页面

1.1.2　安装微信小程序开发工具

开发小程序需要进行开发工具下载,在简易教程中的左侧导航栏选择"安装开发者工具",进入安装开发工具教程,单击"开发者工具下载页面"按钮即可进入工具下载页面,如图1-12所示。

图1-12　微信小程序开发工具下载超链接

进入工具下载页面后,可以发现开发工具分为"开发版""测试版""稳定版"和"内核升级版",如图1-13所示。为保证开发工具的稳定性,本书建议开发者选择稳定版,并根据计算机操作系统选择对应的软件进行下载。

开发版 Nightly Build

日常构建版本,用于尽快修复缺陷和敏捷上线小的特性;开发自测验证,稳定性欠佳

Windows 64、Windows 32、macOS

测试版 Beta Build

里程碑版本,包含大的特性;通过内部测试,稳定性尚可

Windows 64、Windows 32、macOS

稳定版 Stable Build (1.02.1902010)

测试版缺陷收敛后转为稳定版;

Windows x64、Windows ia32、macOS

内核升级版 Upgrade Build (1.03.1903211)

为升级内核而准备的版本

图1-13 微信小程序开发工具版本

下载完成后,用户会获得一个.exe应用程序文件,如图1-14所示。

wechat_devtools_1.02.1902010_x64.exe   2019/4/8 20:13   应用程序   97,515 KB

图1-14 .exe应用程序文件

双击该文件进行开发工具的安装,如图1-15所示。

安装完成后,会提示"安装完成",单击"完成"按钮即可,如图1-16所示。

双击桌面"微信web开发者工具"图标(注:此处web的正确写法应为Web,下同),即可运行微信开发者工具,开发者用微信进行扫描登录,扫描成功后,在手机端单击"确认登录"按钮即可登录并使用微信开发者工具,如图1-17所示。

1.1.3 创建Hello World小程序

双击打开微信Web开发者工具,在左侧导航栏选择"小程序"选项,单击菜单栏中"+"按钮,进入"新建项目"页面,如图1-18与图1-19所示。

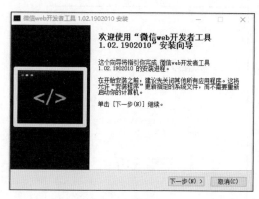
(a) 安装向导

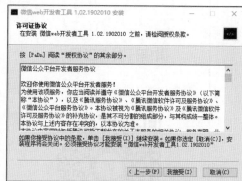
(b) 许可证协议

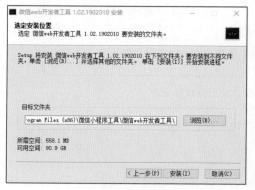
(c) 选定安装位置

(d) 正在安装

图 1-15　微信小程序开发工具安装过程

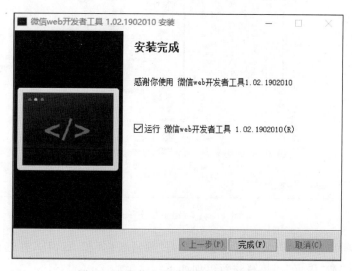

图 1-16　微信小程序开发工具安装结束

图 1-17 扫描登录界面以及扫描成功界面

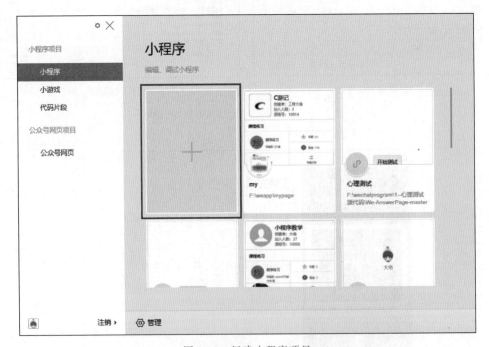

图 1-18 新建小程序项目

进入"新建项目"页面,开发者需要依次填写"项目名称"和 AppID,并选择"目录""开发模式""后端服务"和"语言"。填写注意事项如下。

- 项目名称:开发者可根据项目自定义一个项目名称。
- AppID:每个小程序账号都有一个 AppID,小程序管理员可在微信公众平台查看自

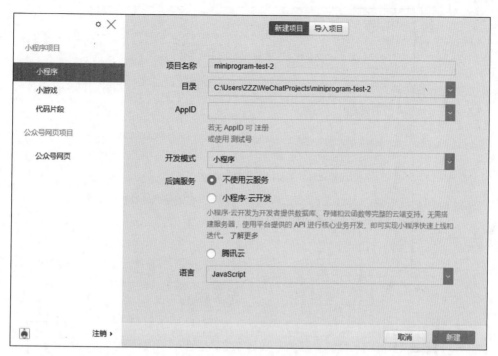

图 1-19 "新建项目"页面

己的 AppID。AppID 必须填实际的小程序 AppID,否则部分功能将无法使用。如果开发者条件暂时受限,无法注册申请小程序 ID,可以选择 AppID 下方的测试号新建小程序,但是无法实现真机调试功能。

- 目录:项目代码包存放的路径地址,可选择默认的目录,也可以选择自己新建的空文件夹所在的目录。
- 开发模式:有两个选项,分别是"小程序"和"插件"。其中,插件是可被添加到小程序内直接使用的功能组件。开发者可以像开发小程序一样开发一个插件,供其他小程序使用。同时,小程序开发者可直接在小程序内使用插件,无须重复开发,为用户提供更丰富的服务。本节案例选择"小程序"开发模式。
- 后端服务:可选择"不使用云服务"或"小程序·云开发"。云开发为开发者提供完整的云端支持,弱化后端和运维概念,无须搭建服务器,使用平台提供的 API 进行核心业务开发,即可实现快速上线和迭代,同时这一功能同开发者已经使用的云服务相互兼容。本节案例选择"不使用云服务"。
- 语言:可选择 JavaScript 或 TypeScript。本书主要以 JavaScript 作为开发语言进行讲解。

小程序的 AppID 可以登录微信公众平台查看。登录小程序账号后,进入小程序后台管理页面,在左侧导航栏选择"开发"选项,顶部 tab 栏选择"开发设置"即可查看 AppID,如图 1-20 所示。该 AppID 需要单独记录和保存,以便于开发工具的登录。

填写完新建项目中的各个信息后,单击"新建"按钮完成 Hello World 小程序的新建,Hello World 小程序界面如图 1-21 所示。

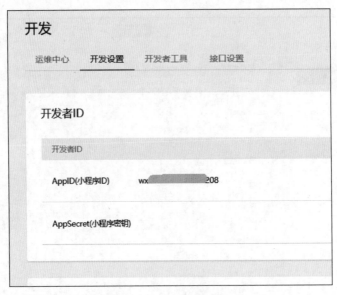

图 1-20　查看小程序 AppID

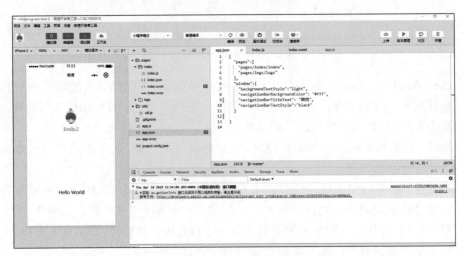

图 1-21　Hello World 小程序界面

到此为止，一个小程序的运行环境就搭建好了。可以看到简单的 Hello World 小程序呈现在面前，是不是有一点小小的成就感？

Mac 平台的小程序运营环境搭建步骤大体与此相似，本文不赘述。

1.2　开发工具的介绍

为了帮助开发者更为高效地开发和调试微信小程序，微信 Web 开发者工具集成了公众号网页调试和小程序调试两种开发模式。

开发者工具界面，从上到下、从左到右分别为菜单栏、工具栏、模拟器、编辑器、调试器五大部分，如图 1-22 所示。

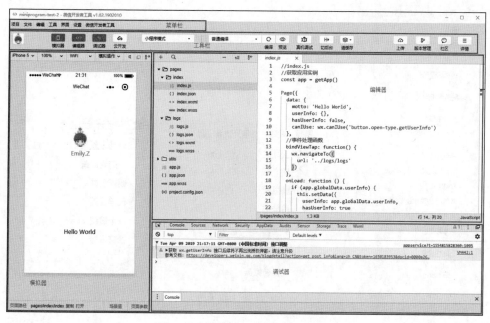

图 1-22 微信 Web 开发者工具界面

1.2.1 菜单栏

菜单栏包含项目、文件、编辑、工具、界面、设置和微信开发者工具七大部分，它们的下拉菜单如图 1-23 所示。

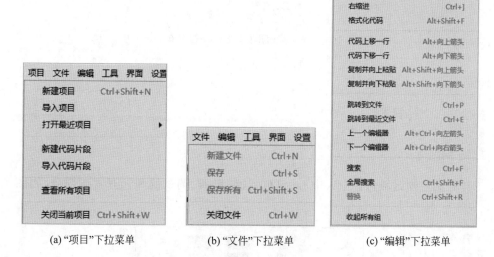

(a) "项目"下拉菜单　　　　(b) "文件"下拉菜单　　　　(c) "编辑"下拉菜单

图 1-23 菜单栏各项的下拉菜单

(d)"工具"下拉菜单

(e)"界面"下拉菜单

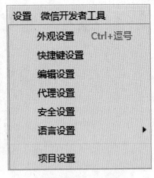
(f)"设置"下拉菜单

(g)"微信开发者工具"下拉菜单

图1-23 （续）

1.2.2 工具栏

1. 左侧区域

工具栏的左侧区域包含个人中心、模拟器、编辑器、调试器和云开发五部分，如图1-24所示。

图1-24 工具栏的左侧区域

具体说明如下。
- 个人中心：账号切换和消息提醒；
- 模拟器：单击该项切换显示/隐藏模拟器面板；
- 编辑器：单击该项切换显示/隐藏编辑器面板；
- 调试器：单击该项切换显示/隐藏调试器面板；
- 云开发：单击该项创建云开发。

2．中间区域

工具栏的中间区域包含小程序模式、编译模式、编译、预览、真机调试、切后台和清缓存七个部分，如图 1-25 所示。

图 1-25　工具栏的中间区域

具体说明如下。
- 小程序模式：包括小程序模式与插件模式；
- 编译模式：包括普通编译、自定义编译和通过二维码编译；
- 编译：单击该项编译小程序项目；
- 预览：单击该项生成二维码进行真机预览；
- 真机调试：单击该项生成二维码进行真机调试；
- 切后台：单击该项切换前台/后台；
- 清缓存：可清除数据缓存、文件缓存、授权数据、网络缓存、登录状态与全部缓存。

3．右侧区域

工具栏的右侧区域包含上传、版本管理、社区和详情四部分，如图 1-26 所示。

具体说明如下。
- 上传：将代码上传为开发版本；
- 版本管理：单击该项开启代码版本管理（使用 git 进行版本管理）；

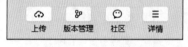

图 1-26　工具栏的右侧区域

- 社区：单击该项进入开放社区；
- 详情：显示项目详情、项目设置和域名信息。

1.2.3　模拟器

在模拟器面板顶部，可以切换手机型号、显示比例和模拟网络连接状态，并进行模拟操作。在模拟器底部的状态栏，可以直观地看到当前运行小程序的场景值、页面路径及页面参数，如图 1-27 所示。

图 1-27 模拟器

1.2.4 编辑器

编辑器包含项目目录结构区与代码编辑区,如图 1-28 所示。

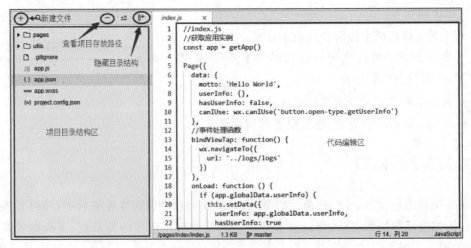

图 1-28 编辑器

1.2.5 调试器

调试器分为 Console、Sources、Network、Security、AppData、Audits、Sensor、Storage、Trace 以及 Wxml 十大功能模块，如图 1-29 所示。

图 1-29 调试器

1. Console

Console 是后台控制器，开发者可以在此输出自定义内容并调试代码，代码报错和警告会在此处显示。开发者可以在 js（即 JavaScript）文件中使用 console.log() 语句查看代码的执行情况以及数据，如图 1-30 和图 1-31 所示。

图 1-30 输出调试

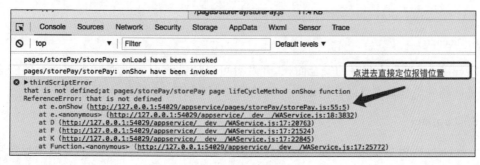

图 1-31 定位报错

2. Sources

Sources 面板是小程序的资源面板,主要用于显示当前项目的脚本文件。与浏览器开发不同的是微信小程序框架会对脚本文件进行编译,所以在 Sources 面板中,开发者看到的文件是经过处理之后的脚本文件,开发者的代码都会被包裹在 define() 函数中,并且对于 Page 代码,在尾部会有 require 的主动调用,如图 1-32 所示。

图 1-32　Sources 面板

3. Network

Network 面板主要用于观察和显示 request 和 socket 的请求情况(请求接口、请求参数、返回值),如图 1-33 所示。

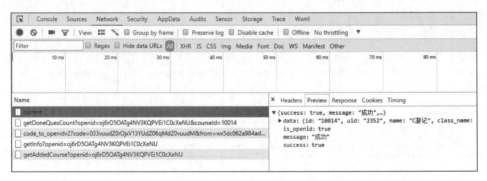

图 1-33　Network 面板

4. Security

Security 面板是小程序的安全面板,开发者可以通过该面板去调试当前网页的安全和认证等问题并确保是否已经在网站上正确地实现 HTTPS,如图 1-34 所示。

5. AppData

AppData 面板主要用于显示当前项目当前时刻 AppData 的具体数据,实时地反馈项目数据情况,开发者也可以在此处编辑数据,并及时地反馈到界面上,如图 1-35 所示。

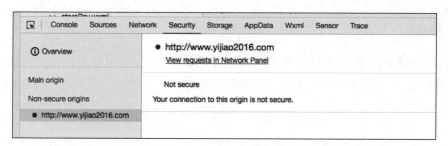

图 1-34　Security 面板

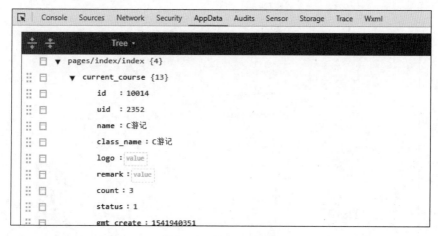

图 1-35　AppData 面板

6．Audits

Audits 面板主要具有体验评分功能，开发者单击"运行"按钮，并测试小程序项目，尽可能测试小程序中的所有页面，测试结束后，单击"停止"按钮，系统会在小程序运行过程中实时检查，分析出一些可能导致体验不好的地方，并定位出哪里有问题，以及给出一些优化意见，如图 1-36 所示。

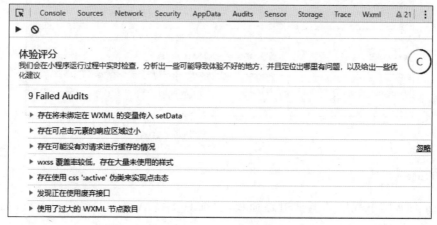

图 1-36　Audits 面板

7. Sensor

Sensor 面板用于模拟手机传感器，在 PC 端测试时，开发者可以手动录入传感器数据，例如地理位置经纬度、加速度计坐标等，如图 1-37 所示。

图 1-37　Sensor 面板

8. Storage

Storage 面板用于显示当前项目中使用 wx.setStorage 或者 wx.setStorageSync 后的本地数据存储情况，如图 1-38 所示。

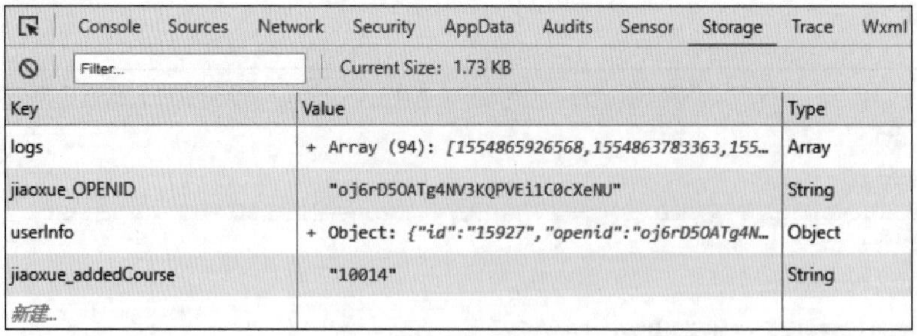

图 1-38　Storage 面板

9. Trace

Trace 面板是小程序的调试追踪面板，目前只支持 Android 系统的手机，如图 1-39 所示。

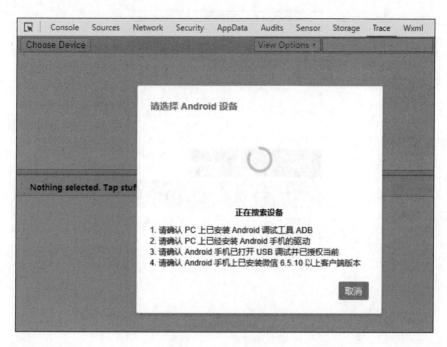

图 1-39　Trace 面板

10．Wxml

Wxml 面板是小程序的 WXML 代码预览面板，可以帮助开发者开发 WXML 转换后的界面。在这里可以看到真实的页面结构以及对应的 WXSS 属性，同时可以通过修改对应的 WXSS 属性，在模拟器中实时看到修改的情况。通过调试模块左上角的选择器，还可以快速找到页面中组件对应的 WXML 代码，如图 1-40 和图 1-41 所示。

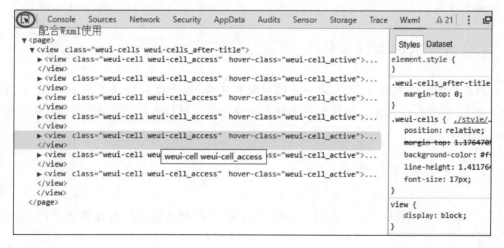

图 1-40　Wxml 面板

图 1-41　Wxml 对应的页面组件

1.3 小程序目录结构

小程序的目录结构主要包含项目配置文件、主体文件、页面文件和其他文件。本节将基于 1.1.3 节创建的 Hello World 小程序对目录结构进行分析,并对 Hello World 小程序进行简单修改。

1.3.1 项目配置文件

新建小程序时,都会自动生成一个项目配置文件,即项目根目录下的 project.config.json 文件,如图 1-42 所示。项目配置文件主要通过定义项目名称、AppID 等内容来对项目进行配置。

1.3.2 主体文件

一个小程序项目的主体文件由三个文件组成,且必须放在项目的根目录下,如图 1-43 所示。

主体文件均以 app 为前缀,分别是 app.js、app.json 和 app.wxss,其作用如图 1-44 所示。

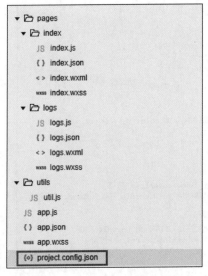
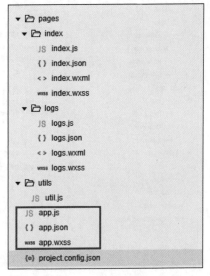

图 1-42　项目配置文件所在位置　　　　图 1-43　主体文件所在位置

文件	必需	作用
app.js	是	小程序逻辑
app.json	是	小程序公共配置
app.wxss	否	小程序公共样式表

图 1-44　主体文件的作用

1. app.js

app.js 使用系统的方法处理全局文件，在整个小程序中，每一个框架页面和文件都可以使用 this 获取 app.js 文件中规定的函数和数据。每个小程序都会有一个 app.js 文件，有且只有一个，位于项目的根目录。

该文件中的 App()函数用于注册一个小程序，如图 1-45 所示；接收一个 object 参数，指定小程序的生命周期函数等。详见 https://developers.weixin.qq.com/miniprogram/dev/framework/app-service/app.html/。

2. app.json

app.json 文件用于对微信小程序进行全局配置，决定页面文件的路径、窗口表现，设置网络超时时间，设置多 tab 等，详见表 1-1。

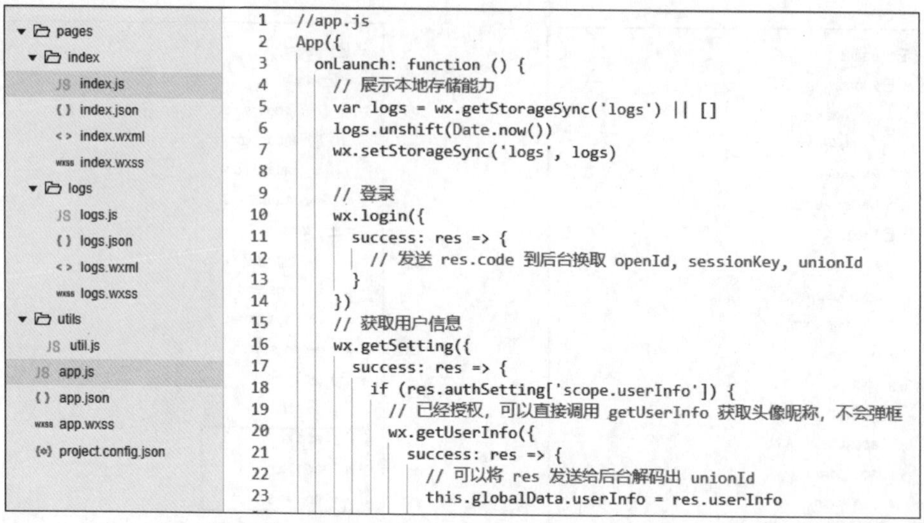

```
▼ 📁 pages                1  //app.js
  ▼ 📁 index              2  App({
     JS index.js          3    onLaunch: function () {
     {} index.json        4      // 展示本地存储能力
     <> index.wxml        5      var logs = wx.getStorageSync('logs') || []
     wxss index.wxss      6      logs.unshift(Date.now())
  ▼ 📁 logs               7      wx.setStorageSync('logs', logs)
     JS logs.js           8
     {} logs.json         9      // 登录
     <> logs.wxml        10      wx.login({
     wxss logs.wxss      11        success: res => {
  ▼ 📁 utils             12          // 发送 res.code 到后台换取 openId, sessionKey, unionId
     JS util.js         13        }
     JS app.js          14      })
     {} app.json        15      // 获取用户信息
     wxss app.wxss      16      wx.getSetting({
     {•} project.config.json  17    success: res => {
                        18          if (res.authSetting['scope.userInfo']) {
                        19            // 已经授权，可以直接调用 getUserInfo 获取头像昵称，不会弹框
                        20            wx.getUserInfo({
                        21              success: res => {
                        22                // 可以将 res 发送给后台解码出 unionId
                        23                this.globalData.userInfo = res.userInfo
```

图 1-45　App()函数

表 1-1　全局配置文件 app.json 的属性及说明

属　　性	类型	必填	说　　明	最 低 版 本
pages	string[]	是	页面路径列表	
window	object	否	全局的默认窗口表现	
tabBar	object	否	底部 tab 栏的表现	
networkTimeout	object	否	网络超时时间	
debug	boolean	否	是否开启 debug 模式，默认关闭	
functionalPages	boolean	否	是否启用插件功能页，默认关闭	2.1.0
subpackages	object[]	否	分包结构配置	1.7.3
workers	string	否	Worker 代码放置目录	1.9.90
requireBackgroundModes	string[]	否	需要在后台使用能力，如［音乐播放］	
plugins	object	否	使用到的插件	1.9.6
preloadRule	object	否	分包预下载规则	2.3.0
resizable	boolean	否	iPad 小程序是否支持屏幕旋转，默认关闭	2.4.0
navigateToMiniProgramAppIdList	string[]	否	需要跳转的小程序列表	2.4.0
usingComponents	object	否	全局自定义配置	开发者工具 1.02.1810190
permission	object	否	小程序接口权限相关设置	微信客户端 7.0.0

在上述 app.json 配置列表中，app.json 的属性相对较多，本小节简单介绍比较常用的几个属性。

注意：app.json 文件内不可包含注释，否则不可运行。

1）pages

pages 属性主要用于指定小程序由哪些页面组成，每一项都对应一个页面的路径地址。

通俗来讲,就是如果开发者的小程序需要显示一个页面,就需要在该文件中注册。此外需要注意一点,pages 配置项中第一条记录为最先呈献给用户的界面。除此之外尽量按照呈现给用户界面的顺序进行排序。以 Hello World 小程序为例,如图 1-46 所示,小程序中有 index 页面和 logs 页面,其中 index 页面为该项目的初始页面。开发者如果想将 logs 页面变为初始页面,只需将 logs 页面路径移到 pages 配置项的第一行即可。

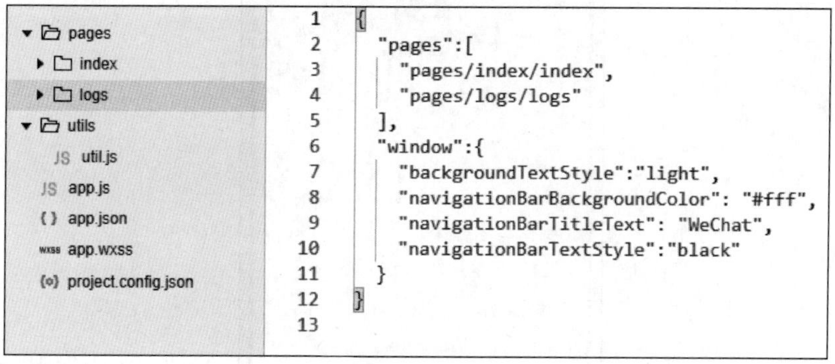

图 1-46　app.json 配置项 pages

2) window

window 属性主要用于设置小程序的状态栏、导航栏、标题与窗口背景颜色等,如表 1-2 所示。

表 1-2　window 属性及说明

属　性	类型	默认值	说　明	最低版本
navigationBarBackgroundColor	HexColor	#000000	导航栏背景颜色	
navigationBarTextStyle	string	white	导航栏标题颜色,仅支持 black/white	
navigationBarTitleText	string		导航栏标题文字内容	
navigationStyle	string	default	导航栏样式,仅支持以下值: default/custom	微信客户端 6.6.0
backgroundColor	HexColor	#ffffff	窗口的背景色	
backgroundTextStyle	string	dark	下拉 loading 的样式,仅支持 dark / light	
backgroundColorTop	string	#ffffff	顶部窗口的背景色,仅 iOS 支持	微信客户端 6.5.16
backgroundColorBottom	string	#ffffff	底部窗口的背景色,仅 iOS 支持	微信客户端 6.5.16
enablePullDownRefresh	boolean	false	是否开启全局的下拉刷新	
onReachBottomDistance	number	50	页面上拉触底事件触发时距页面底部距离,单位为 px	
pageOrientation	string	portrait	屏幕旋转设置,支持 auto / portrait / landscape	2.4.0(auto) / 2.5.0 (landscape)

注意:HexColor 的属性值只支持十六进制颜色值,如 #ff00ff,大小写不限。

window 属性中各属性值的作用区域如图 1-47 所示。

图 1-47　window 属性中各属性值的作用区域

3) tabBar

如果小程序是一个多 tab 应用(客户端窗口的底部或顶部有 tab 栏可以切换页面),可以通过 tabBar 配置项指定 tab 栏的表现,以及 tab 切换时显示的对应页面。tabBar 属性如表 1-3 所示。

表 1-3　tabBar 属性及说明

属　　性	类型	是否必填	默认值	说　　明
color	HexColor	是		tab 上的文字默认颜色,仅支持十六进制颜色
selectedColor	HexColor	是		tab 上的文字选中时的颜色,仅支持十六进制颜色
backgroundColor	HexColor	是		tab 的背景色,仅支持十六进制颜色
borderStyle	string	否	black	tabBar 上边框的颜色,仅支持 black/white
list	Array	是		tab 的列表,详见 list 属性表
position	string	否	bottom	tabBar 的位置,仅支持 bottom/top
custom	boolean	否	false	自定义 tabBar

其中,list 接收一个数组,只能配置最少 2 个、最多 5 个 tab。tab 按数组的顺序排序,每个项都是一个对象,其属性如表 1-4 所示。

表 1-4　list 属性及说明

属　　性	类型	是否必填	说　　明
pagePath	string	是	页面路径,必须在 pages 中先定义
text	string	是	tab 上按钮文字

续表

属　性	类型	是否必填	说　明
iconPath	string	否	图片路径,icon 大小限制为 40kb,建议尺寸为 81px * 81px,不支持网络图片。当 position 为 top 时,不显示 icon
selectedIconPath	string	否	选中时的图片路径,icon 大小限制为 40kb,建议尺寸为 81px * 81px,不支持网络图片。当 position 为 top 时,不显示 icon

tabBar 属性值的作用区域如图 1-48 所示。

app.json 文件中的其他属性在后续案例中再仔细讲解,本节就不赘述了。

3. app.wxss

app.wxss 文件是小程序的全局样式文件,作用于每一个页面。其中,WXSS 是一种样式语言,用于描述 WXML 的组件样式。该文件是可选文件,如果没有全局样式规定,可以省略不写。app.wxss 文件中的代码如图 1-49 所示。

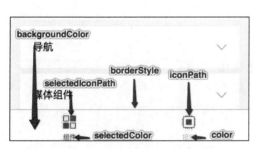

图 1-48　tabBar 属性值的作用区域

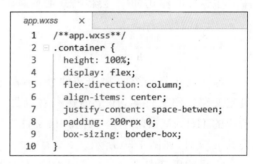

图 1-49　app.wxss 文件中的代码

1.3.3　页面文件

一个小程序页面由 4 个文件组成,如表 1-5 所示。

表 1-5　页面文件组成

文件类型	是否必需	作　用
js	是	页面逻辑
wxml	是	页面结构
json	否	页面配置
wxss	否	页面样式表

1. js 文件

对于小程序中的每个页面,都需要在页面对应的 js 文件中调用 page()方法注册页面示例,指定页面初始数据、生命周期回调、事件处理函数等。

2. wxml 文件

WXML（WeiXin Markup Language）是框架设计的一种标签语言，结合基础组件、事件系统，可以构建出页面的结构。wxml 文件主要具有数据绑定、列表渲染、条件渲染、模板和引用的功能。具体的功能如何使用会在后面章节中进行介绍。

3. json 文件

每一个小程序页面也可以使用同名的 json 文件来对本页面的窗口表现进行配置，页面中配置项会覆盖 app.json 的 window 属性中相同的配置项。新设置的选项只会显示在当前页面上，不会影响其他页面。

4. wxss 文件

WXSS（WeiXin Style Sheets）是一种样式语言，用于描述 WXML 的组件样式。在页面文件中主要用于设置当前的样式效果，该文件中规定的样式会覆盖 app.wxss 全局样式中产生冲突的样式，但不会影响其他页面。

1.3.4 其他文件

除了前几节介绍的常用文件外，小程序还允许用户自定义路径和文件名，用于创建一些辅助文件。如本章新建的 Hello World 小程序中 utils 文件夹就是用来存放公共 js 文件，如图 1-50 所示。

全局调用自定义的 js 文件前需要在被调用的 js 文件中使用 module.exports = {可被调用的函数}进行声明，如图 1-51 所示。

在调用时只需在文件中加入"const https = require('文件目录');"即可调用，如图 1-52 所示。

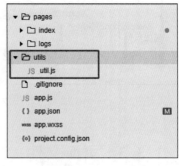

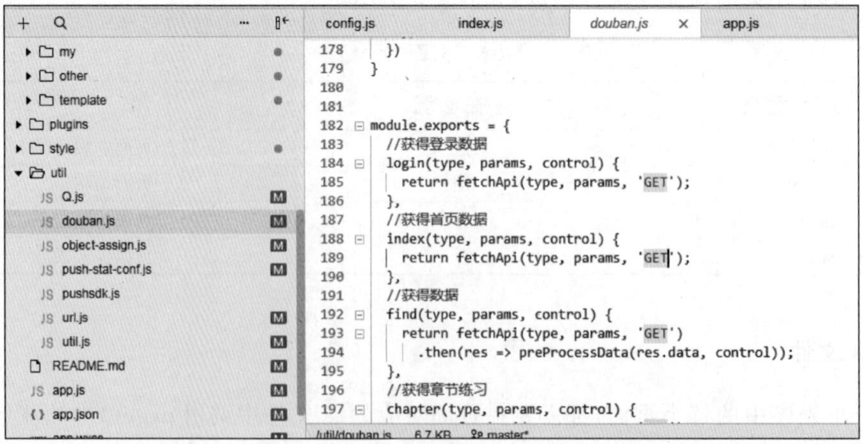

图 1-50　utils 文件夹

图 1-51　全局调用自定义 js 文件

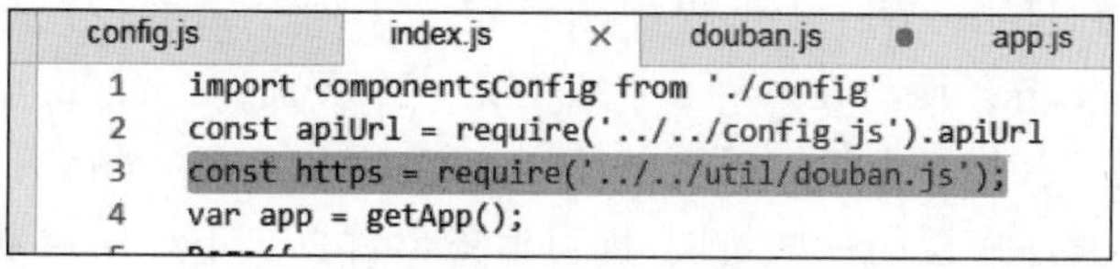

图 1-52　全局变量调用方法

1.4　小程序开发入门

1.3 节以 Hello World 小程序项目为例，简单了解了小程序的目录结构，接下来看看小程序框架，并对 Hello World 小程序进行简单修改来更深刻地理解微信小程序开发。

1.4.1　微信小程序框架

微信小程序开发主要基于 MVC 框架，即模型、视图和控制器。模型层在这里体现得不是很明显，大部分时候都以全局变量或页面局部变量的形式存在，一般存在于控制器中。视图由 wxml 文件表示，它将控制器得到的数据通过 wxml 文件进行组合和渲染。而视图与控制器的交互通过绑定事件的形式触发控制器各个函数的执行，大部分事件会传递目标节点对象作为其参数。

当新建项目时，会建立小程序主控制逻辑与配置文件，其中包括：app.js（控制小程序逻辑、响应生命周期回调函数操作、定义全局变量等），此文件用于注册小程序；app.json（小程序窗口、特性配置、下拉刷新、导航栏配置、tabBar 等）；app.wxss（样式配置）。

接下来具体的页面操作才是和用户交互的真正载体，每个页面都单独存放一个文件夹，以方便管理，同时 WAService 会对此文件夹中的页面样式文件进行渲染。每个页面都由 js 文件进行控制，wxml 进行布局，wxss 进行样式设置。用于响应生命周期的方法有 onLoad（监听页面加载）、onReady（监听页面初次渲染完成）、onShow（监听页面显示）、onHide（监听页面隐藏）、onUnload（监听页面卸载）。

1.4.2　Hello World 小程序的简单修改

1. 修改 window 属性

打开新建好的 Hello World 小程序，通过 app.json 的 pages 字段可以知道当前小程序的所有页面路径。

```
{
  "pages":[
    "pages/index/index",
    "pages/logs/logs"
  ]
}
```

这个配置说明在 Hello World 小程序项目定义了两个页面，分别位于 pages/index/index 和 pages/logs/logs。而写在 pages 字段的第一个页面"pages/index/index"就是进入这个小程序之后的首页(打开小程序看到的第一个页面)。于是，微信客户端就把首页的代码装载进来，通过小程序底层的一些机制，即可渲染出首页。小程序启动之后，在 app.js 定义的 App 实例的 onLaunch 回调会被执行。

```
App({
  onLaunch: function () {
    //小程序启动之后触发
  }
})
```

对于 window 字段，可以理解为页面外观的一些显示。

```
"window":{
"backgroundTextStyle":"light",
"navigationBarBackgroundColor": "#fff",
"navigationBarTitleText": "WeChat",
"navigationBarTextStyle":"black"
}
```

修改 window 属性的值，逐一将 navigationBarBackgroundColor 的值改为 0ca，navigationBarTitleText 的值改为"微信"，navigationBarTextStyle 的值改为 white。每修改一个值编译一次代码，观察模拟器中页面的变化，更好地体会每个值对应的作用区域在哪里，修改后的代码如图 1-53 所示。

```
app.json    ×    app.js
 1  {
 2    "pages":[
 3      "pages/index/index",
 4      "pages/logs/logs"
 5    ],
 6    "window":{
 7      "backgroundTextStyle":"light",
 8      "navigationBarBackgroundColor": "#0ca",
 9      "navigationBarTitleText": "微信",
10      "navigationBarTextStyle":"white"
11    }
12  }
```

图 1-53　修改 window 属性值的代码

修改完上述值，会发现页面发生改变，如图 1-54 所示。

2. 数据绑定

Hello World 小程序中涉及的是简单的数据绑定，数据绑定使用 Mustache 语法(双大括号)将变量括起来。index.wxml 和 index.js 文件对应的代码分别如下：

```
<!-- index.wxml -->
<view>{{ message }}</view>
```

图 1-54 Hello World 修改 window 属性后的页面

```
//index.js
Page({
  data: {
    message:'Hello MINA!'
  }
})
```

在 js 文件中，在 Page()方法的 data 数组中定义了 message 变量，并给 message 附上初始值 Hello MINA!，然后在 wxml 文件中使用{{message}}，将 message 的值显示在界面上。以上为数据绑定的例子。

回到 Hello World 小程序项目中，其中{{motto}}的值为 Hello World，userInfo 为数组，主要存储用户的信息，{{userInfo.avatarUrl}}和{{userInfo.nickName}}分别为微信用户的头像和昵称，如图 1-55 和图 1-56 所示。

接下来可以修改 js 文件中 motto 的初始值，如图 1-57 所示。修改后的效果如图 1-58 所示。

再修改动态获取的昵称，如图 1-59 所示，在/pages/index 目录下，修改 index.wxml 文件。

将{{userInfo.nickName}}改为开发者想要的任何名字，如图 1-60 所示，然后进行编译。

```
app.json    index.wxml  ×
1   <!--index.wxml-->
2   <view class="container">
3     <view class="userinfo">
4       <button wx:if="{{!hasUserInfo && canIUse}}" open-type="getUserInfo" bindgetuserinfo="getUserInfo"> 获取头像昵称 </button>
5       <block wx:else>
6         <image bindtap="bindViewTap" class="userinfo-avatar" src="{{userInfo.avatarUrl}}" mode="cover"></image>
7         <text class="userinfo-nickname">{{userInfo.nickName}}</text>
8       </block>
9     </view>
10    <view class="usermotto">
11      <text class="user-motto">{{motto}}</text>
12    </view>
13  </view>
14
```

图 1-55　Hello World 主页面变量

```
app.json    index.js  ×
1   //index.js
2   //获取应用实例
3   const app = getApp()
4
5   Page({
6     data: {
7       motto: 'Hello World',
8       userInfo: {},
9       hasUserInfo: false,
10      canIUse: wx.canIUse('button.open-type.getUserInfo')
11    },
```

图 1-56　js 文件中 data 数组的变量定义

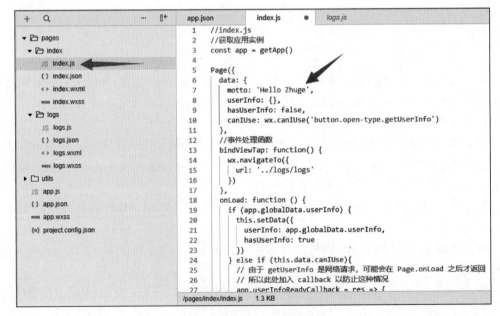

图 1-57　修改 motto 初始值

图 1-58 修改 motto 初始值后的效果

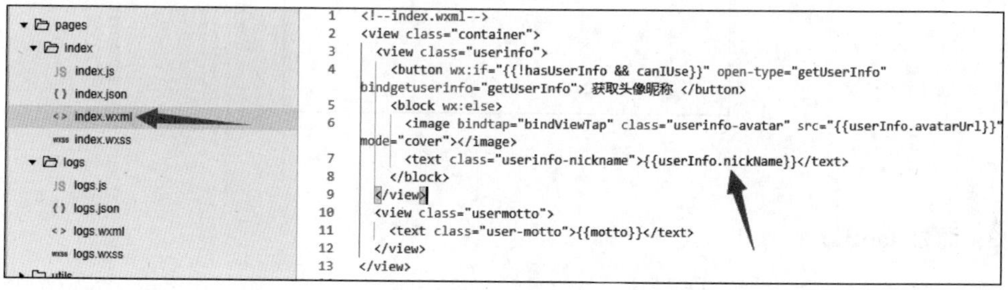

图 1-59 动态获取昵称

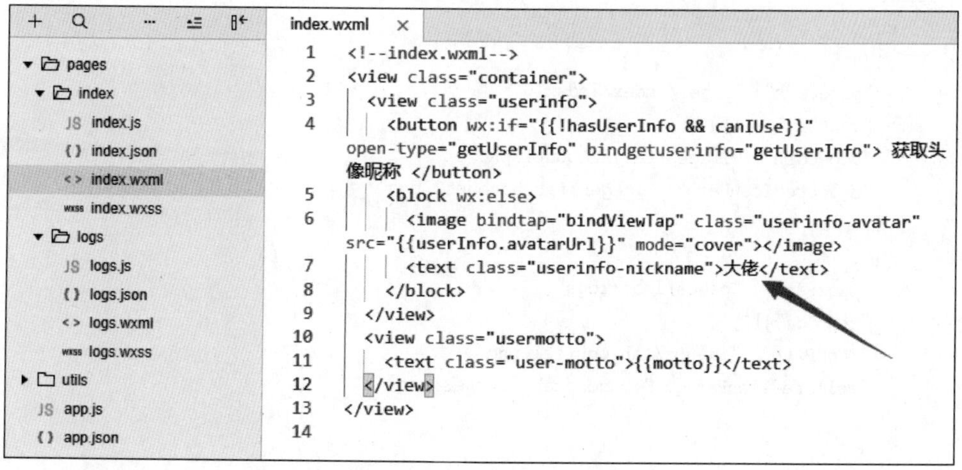

图 1-60 昵称修改示例

结果如图 1-61 所示。

图 1-61　示例结果

3. 添加 tabBar

给 Hello World 小程序添加一个 tabBar，代码如下：

```
"tabBar": {
  "list": [
      {
        "pagePath": "pages/index/index",
        "text": "主页面",
        "iconPath": "images/tab_account1.png",
        "selectedIconPath": "images/tab_account2.png"
      },
      {
        "pagePath": "pages/logs/logs",
        "text": "日志",
        "iconPath": "images/tab_course1.png",
        "selectedIconPath": "images/tab_course2.png"
      }
    ]
  }
```

新建 images 文件夹,用于存放 icon 的图片。images 的添加方法有两种:①单击目录结构区左上方的"＋"按钮,单击"目录",并命名为 images;②打开项目存放目录,在项目文件夹下新建 images 文件夹,如图 1-62 所示。

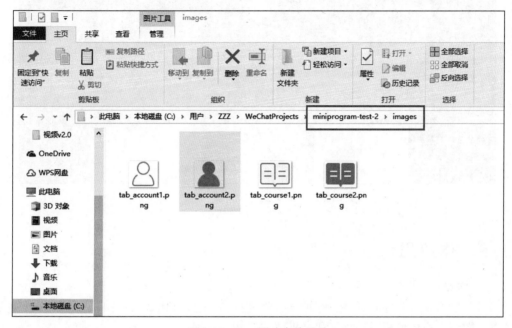

图 1-62　icon 图片存放目录

将 icon 的图片粘贴到 images 文件夹下,即可将图片放置于 images 目录下,如图 1-63 所示。

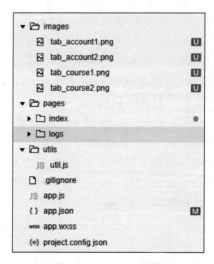

图 1-63　images 目录

推荐一个 icon 的下载网站,网址为 www.iconfont.cn,开发者可以在该网址下载自己需要的 icon,如图 1-64 所示。

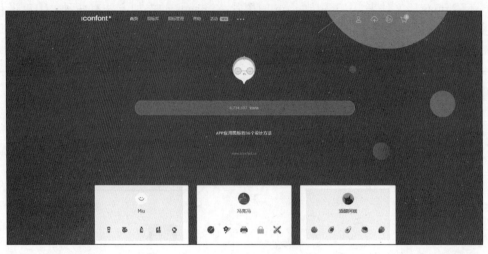

图 1-64 在 www.iconfont.cn 下载 icon

1.5 作业思考

一、讨论题

1. 开发工具中开发版、稳定版、预发布版、内核升级版有什么区别？
2. 微信小程序使用手机预览和真机调试有什么区别？
3. 如何实现 tabBar 的隐藏和显示？

二、单选题

1. 微信小程序于（　　）正式发布。
   A. 2016 年 6 月 B. 2016 年 12 月
   C. 2017 年 1 月 D. 2017 年 6 月

2. 新建项目时需要填写 AppID，关于此项内容以下说法不正确的是（　　）。
   A. 只有填写注册的 AppID 才能成功创建项目
   B. 只有填写了 AppID 的项目才可以进行手机预览
   C. 如果填写了与开发者无关的 AppID 是无法创建成功的
   D. AppID 也称为小程序 ID，每个账号的 ID 都是唯一的

3. 小程序根据开发阶段可以分为不同的版本，这些版本不包括（　　）。
   A. 开发版 B. 体验版 C. 线上版 D. 内部版

4. 在创建完成的第一个小程序项目中，project.config.json 文件属于（　　）。
   A. 主体文件 B. 项目配置文件
   C. 页面文件 D. 其他文件

5. 已知 wxml 页面有< view >{{msg}}< view >，在 js 页面有 Page({data:{msg: 'hello'}})，那么页面最终显示的文字效果是（　　）。
   A. {{msg}} B. msg
   C. {{hello}} D. hello

6. 正确下载微信开发者工具无法显示二维码的原因可能是(   )。
   A. 小程序软件有问题　　　　　　　B. 打开方式不对
   C. 没有关闭防火墙　　　　　　　　D. 网络故障
7. 微信小程序新建项目提示 Error：{"ret":80203,"errmsg":""}的原因可能是(   )。
   A. 选择了小程序云开发
   B. 不使用云开发或者建立普通快速启动模板
   C. 中文命名项目
   D. 目录没有选在 D 盘
8. 创建 tabBar，读取图片失败不可能的原因是(   )。
   A. tabBar 的 pagepath 不正确　　　B. tabBar 的 iconPath 不正确
   C. tabBar 的 selectedPath 不正确　　D. tabBar 的 text 使用中文
9. app.json 中的 tabBar 属性可以规定 tab 工具栏,用于切换多页面效果。其中页面最少必须有 2 个,最多只能有(   )个。
   A. 3　　　　　B. 4　　　　　C. 5　　　　　D. 6
10. 小程序创建工程显示 cetificate is not yet valid 的原因可能是(   )。
    A. 小程序语言设置错误　　　　　　B. 小程序 AppID 设置错误
    C. 小程序新建地址错误　　　　　　D. 计算机时间未设置为当前时间

第2章

"C语言习题测试"案例开发

> 勤能补拙是良训，一分辛苦一分才。
>
> ——华罗庚

勤学为根，苦练为本，任何奇思妙想的实现都离不开灵感迸发后的那无数个日日夜夜的付诸实践。

负责小程序接口能力设计与开发的是一支非常年轻的团队。2015年前后，"小程序"概念在内部被首次提出，最初的想法来自建立一个中间层操作系统的愿望，这支队伍则经历了开发过程中几乎所有的尝试与反复——基于公众平台进行页面增强、在Web形式上添加JS-SDK……转眼就到了2016年夏天，在听到关于小程序要做一个独立框架的构想后，团队成员在思考技术方面更是到了一种痴迷状态，查资料，翻文档，奋战到黎明是常有的事，已然进入"不疯魔不成活"的境界。

无论是之后的内测环节，还是无穷尽地调试代码，小程序创始团队中的每一个人都在无数个熬夜加班的日子里努力将产品做得更完美，真正实现：无他，唯手熟耳。

故事结束，本章通过对网上下载的简单案例进行修改来尝试掌握简单的小程序项目开发。首先下载一个心理测试程序的源代码，并将心理测试项目导入小程序开发工具，在理解心理测试的基础上，对心理测试的代码进行简单的修改，实现"C语言习题测试"的功能。

2.1 心理测试小程序安装与理解

本节首先下载心理测试小程序并将其导入微信开发者工具，然后介绍心理测试小程序涉及的知识点，最后帮助开发者更好地理解整个心理测试小程序的代码。

2.1.1 心理测试小程序安装

心理测试源代码下载地址为 https://github.com/Silverados/We-AnswerPage，如图2-1所示。如果没有GitHub的账号，则可以先自行申请一个账号再进行代码的下载。

第2章　"C语言习题测试"案例开发

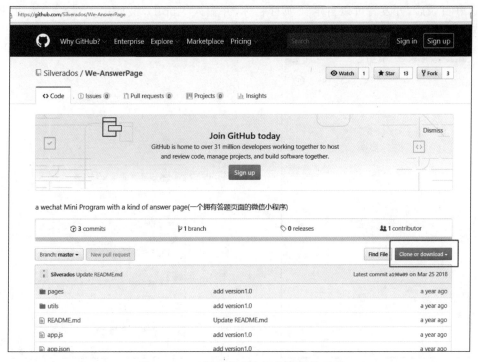

图 2-1　心理测试小程序源代码下载页面

单击 Clone and download 按钮，再选择 Download ZIP 将源代码下载下来。源代码为一个压缩包，需要解压，将源代码解压后，双击"微信 Web 开发者工具"，并选择"小程序"，选择"导入项目"，如图 2-2 所示。其中，在选择项目目录时需要选择包含 app.json 和 project.config.json 的目录。

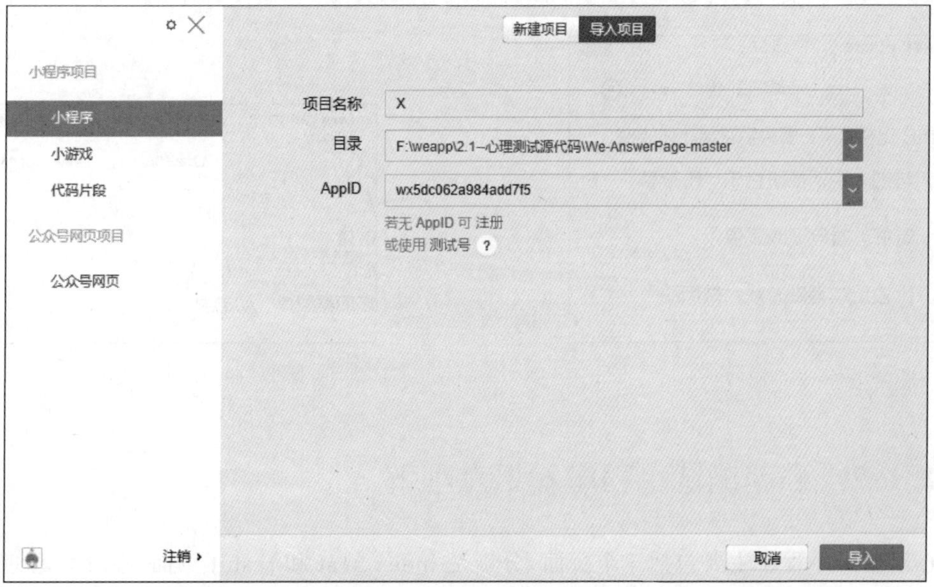

图 2-2　将源代码导入页面

选好目录后,开发者可以自定义项目名称,并输入 AppID,最后单击"导入"按钮,即可成功导入心理测试小程序,打开后的界面如图 2-3 所示。代码目录如图 2-4 所示。

图 2-3　测试页面首页

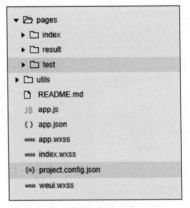

图 2-4　心理测试小程序代码目录

单击"开始测试"按钮,体验小程序的功能并查看各个目录的简单配置。可以看到如图 2-5 所示的结果。

完成心理测试后,最后跳转至心理测试结果页面,在该页面中可看到测试者在测试过程中选择 A、B、C 选项的次数,并告诉测试者属于什么类型,如图 2-6 所示。

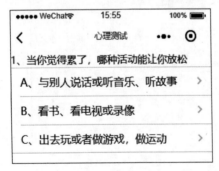

图 2-5　做题页面

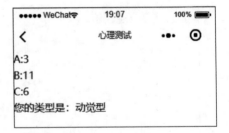

图 2-6　心理测试结果页面

2.1.2　心理测试小程序知识点理解

心理测试小程序主要包括三个页面,分别是 index、test 和 result 页面,在理解心理测试小程序代码之前,先学习代码中涉及的几个知识点。

1. bindtap 事件绑定

事件是视图层到逻辑层的通信方式。事件可以将用户的行为反馈到逻辑层进行处理。事件可以绑定在组件上，当达到触发事件时，就会执行逻辑层中对应的事件处理函数。代码示例如下。

```
<!-- index.wxml -->
< view class = "begininfo">
< button bindtap = 'beginAnswer'> 开始测试 </button >
</view >

//index.js
beginAnswer:function() {
    wx.navigateTo({
        url:'../test/test'
    })
}
```

在 index.wxml 文件中，将 bindtap 事件绑定在 button 组件上，其中 bindtap = 'beginAnswer'。当测试者单击"开始测试"按钮时，会触发事件，就会执行 index.js 中对应的事件处理函数 beginAnswer()，该事件处理函数在触发后，执行页面跳转，跳转至 test 页面。

心理测试小程序中总共有四个事件，其事件处理函数对应的事件触发结果如表 2-1 所示。

表 2-1　心理测试小程序中的事件处理函数对应的事件触发结果

事件处理函数	所处页面	事件触发结果
beginAnswer()	index	跳转至 test 页面
answerClickA()	test	显示下一题，并判断 A 对应的是题库中哪个选项，给对应选项的值+1，当满足 index=20 时，跳转至 result 页面
answerClickB()	test	显示下一题，并判断 B 对应的是题库中哪个选项，给对应选项的值+1，当满足 index=20 时，跳转至 result 页面
answerClickC()	test	显示下一题，并判断 C 对应的是题库中哪个选项，给对应选项的值+1，当满足 index=20 时，跳转至 result 页面

2. 路由

小程序 API 中的路由共有五种，详见表 2-2。

表 2-2　小程序路由及路由规则

路　　由	路　由　规　则
wx.switchTab	跳转至 tabBar 页面，并关闭其他所有非 tabBar 页面
wx.reLaunch	关闭所有页面，打开到应用内的某个页面
wx.redirectTo	关闭当前页面，跳转至应用内的某个页面。但是不允许跳转至 tabBar 页面
wx.navigateTo	保留当前页面，跳转至应用内的某个页面。但是不能跳转至 tabBar 页面。使用 wx.navigateBack 可以返回原页面。小程序中页面栈最多有十层
wx.navigateBack	关闭当前页面，返回上一页面或多级页面。可通过 getCurrentPages 获取当前的页面栈，决定需要返回几层

其中心理测试小程序中用到了 wx.navigateTo 和 wx.redirectTo，下面通过修改 index.js 中的路由来看一下两个路由之间的区别。一开始，index.js 文件的事件处理函数 beginAnswer 中使用的是 wx.navigateTo，此时 test 与 result 初始页面如图 2-7 和图 2-8 所示。进入 test 和 result 页面均可通过单击 < 按钮回到 index 页面。

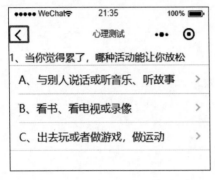

图 2-7　test 初始页面

图 2-8　result 初始页面

如果将 wx.navigateTo 改为 wx.redirectTo，会发现页面左上角的 < 按钮不见了，无法回到 index 页面，如图 2-9 和图 2-10 所示。

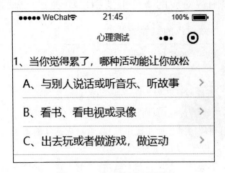

图 2-9　test 修改后页面

图 2-10　result 修改后页面

3. 声明变量与变量赋值

1) 声明变量

在 js 文件中，未在 data 数组中定义的变量，可以通过 var 语句来进行变量声明，在声明变量的同时也可以向变量赋值，如 test.js 文件中的一段代码：

```
setList:function () {
  var newList = this.data.list.sort(this.randSort);
    this.setData({
        list: newList,
    });
},
```

2) 变量赋值

在 js 文件的函数中给变量赋值的方法有两种。这里举一个简单的例子,首先将 index.wxml 文件中 button 的"开始测试"改为{{msg}},使 button 中的文字变成一个变量。然后在 index.js 文件的 data 数组中添加变量 msg,并赋予初值"开始测试",最后对事件处理函数 beginAnswer()进行修改,代码如下:

```
<!-- index.wxml -->
<view class = "begininfo">
<button bindtap = 'beginAnswer'> {{msg}} </button>
</view>

//index.js
Page({
  data: {
    msg:'开始测试'
  },
  //事件处理函数
  beginAnswer:function () {
    this.setData({
        msg:'测试结束'
    })
  },
})
```

使用 this.setData({ }) 可以将数据从逻辑层发送到视图层(异步),同时改变对应的 this.data 的值(同步),当单击"开始测试"按钮时,msg 的值变为"测试结束",页面按钮中文字内容也变为"测试结束"。

如果将 this.setData({ })改为使用 this.data.msg='测试结束'来改变 msg 变量的值,会发现虽然可以改变 msg 的值,但是页面不会更新,如图 2-11 和图 2-12 所示。

```
//index.js
Page({
  data: {
    msg:'开始测试'
  },
  //事件处理函数
  beginAnswer:function () {
    this.data.msg = '测试结束'
    console.log('msg 的值: ',this.data.msg)
  },
})
```

总地来说,this.setData 是用来更新界面的,this.data 是用来获取页面 data 对象的,它们都可以用于给变量赋值。注意,this.setData 中不能使用 console.log()语句,如果需要查看赋值后变量的值,需要在 this.setData({ })语句外使用 console.log()打印变量的值。

图 2-11 按钮文字内容

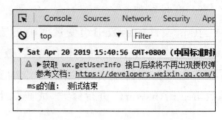
图 2-12 打印查看 msg 值的变化

4. 绝对路径与相对路径

1) 相对路径

在 index.js 文件中，事件处理函数 beginAnswer()中 wx.navigateTo 路由的 URL 使用的就是相对路径，其中"../"指的是当前文件所在的上一级目录，即 index 文件夹所在的目录，"../test/test"指的是 index 所在的同级目录下 test 文件夹中的 test 文件。另外"./"指的是当前目录，"../../"指的是当前文件所在的上上级目录，以此类推。

2) 绝对路径

"/pages/test/test"即为 test 文件所在的绝对路径，若将 URL 改为绝对路径"/pages/test/test"也能实现页面的跳转。

5. 带参跳转

在 test.js 文件中，answerClickA 的一段代码实现了当 index=20 时，从 test 页面跳转至 result 页面，跳转时携带参数 A、B 和 C 的值，代码如下：

```
if (this.data.index == 20) {
  wx.redirectTo({
url:'/pages/result/result?A = ' + this.data.A + '&B = ' + this.data.B + '&C = ' + this.data.C,
  })
}
```

在 result 页面的页面参数中可以看到带参跳转时的参数，如图 2-13 所示。

如果想使用页面参数，可以在 result 页面的 js 文件中使用生命周期函数来获取页面参数，给生命周期函数 function()中定义一个值，这里定义为 options，即可使用 options.A 获取 A 的值，并赋值给 result 页面的变量 A、B、C 也一样。开发者可以尝试用 console.log(options)打印，看一下 options 中的值，如图 2-14 所示。

6. 其他知识点

1) Math.random()

Math.random()：产生一个[0,1)的随机数。

2) 三目运算符

return Math.random()>0.5 ? 1 : -1 的意思是随机产出一个[0,1)的数，若这个数大于 0.5，返回 1，反之则返回-1。

第2章 "C语言习题测试"案例开发

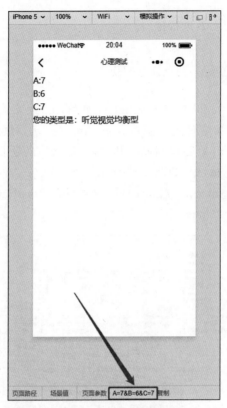

图 2-13 result 页面参数

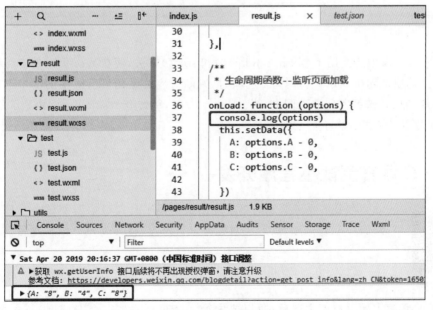

图 2-14 使用页面参数

3) sort()

sort()方法用于对数组元素进行排序。

2.1.3　心理测试小程序代码讲解

心理测试小程序呈现给用户的首页是 index 页面，index 页面的主要元素是一个按钮，单击"开始测试"按钮，即触发事件处理函数 beginAnswer，实现页面跳转，跳转至 test 页面。

进入 test 页面后，即可开始心理测试。其中，心理测试的题目信息存放在 app.js 文件中 globalData 的 question 数组中，如图 2-15 所示。在 test.js 文件中通过 getApp() 获取全局对象，然后进行全局变量和全局方法的使用，要使用 globalData 这个全局变量，需要在 test.js 中加一句"const app＝getApp()"。

图 2-15　question 数组

另外，test.js 中还使用了 Math.random() 和 sort() 方法，使在 test 页面的 20 道题随机显示，并且选项也随机显示，当选择 A 选项时，判断对应的是题目信息中的哪个选项，然后给相应的值加 1。选择其他选项同上，当 index＝20 时，跳转至 result 页面，并显示各选项被选择的次数以及测试者属于什么类型。

2.2　C 语言测试小程序开发

本节主要讲解如何将心理测试小程序改成 C 语言测试小程序，首先是添加一个 D 选项，然后再对题库进行修改，将其改为 C 语言题目。

2.2.1　增加 D 选项

由于 C 语言习题共有四个选项，所以要先给 test 页面添加一个 D 选项，test 页面中有 A、B、C 的内容都相应地加上一个 D，可以根据以下步骤进行修改。

在 text.wxml 中添加 D 选项的页面结构,如图 2-16 所示。

```
1   <view class="page">
2     <view class='page__hd'>
3       <view class="page__title" >{{index+1}}、{{questionDetail}}</view>
4     </view>
5     <view class="page__bd">
6       <view class="weui-cells weui-cells-after-title">
7         <view url="" class="weui-cell weui-cell_access" hover-class="weui-cell_active" bindtap='answerClickA'>
8           <view class="weui-cell__bd">{{optionA}}、{{answerA}}</view>
9           <view class="weui-cell__ft weui-cell__ft_in-access"></view>
10        </view>
11        <view url="" class="weui-cell weui-cell_access" hover-class="weui-cell_active" bindtap='answerClickB'>
12          <view class="weui-cell__bd">{{optionB}}、{{answerB}}</view>
13          <view class="weui-cell__ft weui-cell__ft_in-access"></view>
14        </view>
15        <view url="" class="weui-cell weui-cell_access" hover-class="weui-cell_active" bindtap='answerClickC'>
16          <view class="weui-cell__bd">{{optionC}}、{{answerC}}</view>
17          <view class="weui-cell__ft weui-cell__ft_in-access"></view>
18        </view>
19        <view url="" class="weui-cell weui-cell_access" hover-class="weui-cell_active" bindtap='answerClickD'>
20          <view class="weui-cell__bd">{{optionD}}、{{answerD}}</view>
21          <view class="weui-cell__ft weui-cell__ft_in-access"></view>
22        </view>
23      </view>
24    </view>
25  </view>
26 </view>
```

图 2-16 在 wxml 中添加 D 选项的页面结构

在 test.js 中的 data 数组中添加与 D 选项有关的变量,如图 2-17 所示。

```
6
7   /**
8    * 页面的初始数据
9    */
10  data: {
11    index: 0,
12    realIndex: 0,
13    A: 0,
14    B: 0,
15    C: 0,
16    D: 0,
17    a:0,
18    b:0,
19    c:0,
20    d:0,
21    optionA: "A",
22    optionB: "B",
23    optionC: "C",
24    optionD: "D",
25    questionDetail: app.globalData.question[0].question,
26    answerA: app.globalData.question[0].option.A,
27    answerB: app.globalData.question[0].option.B,
28    answerC: app.globalData.question[0].option.C,
29    answerD: app.globalData.question[0].option.D,
30    list: [0, 1, 2, 3, 4, 5, 6, 7, 8, 9, 10, 11, 12, 13, 14, 15, 16, 17, 18, 19],
31    listABC : ['A','B','C','D']
32  },
33
```

图 2-17 在 js 文件中添加与 D 选项有关的变量

在事件处理函数 answerClickA() 的逻辑代码中添加 D 选项的逻辑,如图 2-18 所示。添加完后按钮 A 的代码如下(按钮 B 和按钮 C 同理):

```
answerClickA: function () {
  if (this.data.listABC[0] == 'A') {
    this.setData({
      A: this.data.A + 1
    })
  }
  else if (this.data.listABC[0] == 'B') {
    this.setData({
      B: this.data.B + 1
    })
  }
  if (this.data.listABC[0] == 'C') {
    this.setData({
      C: this.data.C + 1
    })
  }
  if (this.data.listABC[0] == 'D') {
    this.setData({
      D: this.data.D + 1
    })
  }
  this.setData({
    index: this.data.index + 1,
    realIndex: this.data.list[this.data.index],
  })
  this.setData({
    questionDetail: app.globalData.question[this.data.realIndex].question,
    answerA: app.globalData.question[this.data.realIndex].option[this.data.listABC[0]],
    answerB: app.globalData.question[this.data.realIndex].option[this.data.listABC[1]],
    answerC: app.globalData.question[this.data.realIndex].option[this.data.listABC[2]],
    answerD: app.globalData.question[this.data.realIndex].option[this.data.listABC[3]],
  })
  if (this.data.index == 20) {
    wx.redirectTo({
      url: '/pages/result/result?A=' + this.data.A + '&B=' + this.data.B + '&C=' + this.data.C + '&D=' + this.data.D,
    })
  }
```

图 2-18 在事件处理函数 answerClickA() 的逻辑代码中添加 D 选项的逻辑

```
answerClickA:function () {
    if (this.data.listABC[0] == 'A') {
      this.setData({
        A:this.data.A + 1
      })
    }
    else if (this.data.listABC[0] == 'B') {
    this.setData({
        B:this.data.B + 1
      })
    }
    if (this.data.listABC[0] == 'C') {
    this.setData({
        C:this.data.C + 1
      })
    }
    if (this.data.listABC[0] == 'D') {
      this.setData({
        D:this.data.D + 1
      })
    }
    this.setData({
      index:this.data.index + 1,
      realIndex:this.data.list[this.data.index],
```

```
    })
    this.setData({
      questionDetail:
app.globalData.question[this.data.realIndex].question,
      answerA:
app.globalData.question[this.data.realIndex].option[this.data.listABC[0]],
      answerB:
app.globalData.question[this.data.realIndex].option[this.data.listABC[1]],
      answerC:
app.globalData.question[this.data.realIndex].option[this.data.listABC[2]],
      answerD:
app.globalData.question[this.data.realIndex].option[this.data.listABC[3]],
    })
    if (this.data.index == 20) {
      wx.redirectTo({
        url:'/pages/result/result?A = ' + this.data.A + '&B = ' + this.data.B + '&C = ' + this.data.C + '&D = ' + this.data.D,
      })
    }
  },
```

添加一个事件处理函数 answerClickD()，仿照其他按钮添加按钮 D 的功能，即在按钮 A、B、C 的代码后面增加按钮 D 的一段代码，如图 2-19 所示。

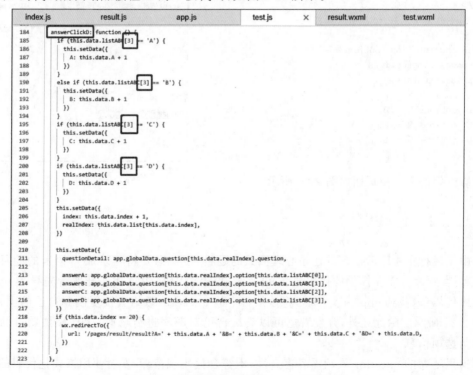

图 2-19　添加事件处理函数 answerClickD()

除了 test 页面，result 页面也需要添加一个 D 选项被选择的次数，所以需要对 result.wxml 与 result.js 文件进行简单修改，具体代码如下（这里只给出需要修改部分的代码）：

```
<!-- pages/result/result.wxml -->
<view>
<view><text>A:{{A}}</text></view>
<view><text>B:{{B}}</text></view>
<view><text>C:{{C}}</text></view>
<view><text>D:{{D}}</text></view>
<view><text>您的类型是：{{Kind}}</text></view>
</view>

// pages/result/result.js
Page({

/**
 * 页面的初始数据
 */
data: {
   A:2,
   B:3,
   C:5,
   D:5,
   Kind:'unknow'
},

/**
 * 生命周期函数--监听页面加载
 */
onLoad:function (options) {
console.log(options)
this.setData({
A: options.A - 0,
B: options.B - 0,
C: options.C - 0,
D: options.D - 0,
})
```

修改后的 result 页面如图 2-20 所示。

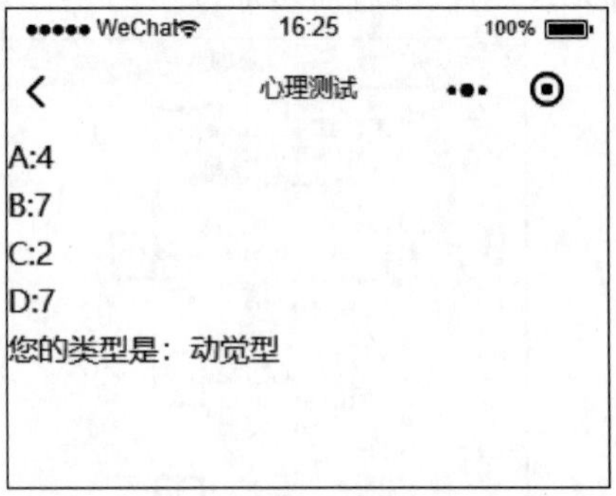

图 2-20 修改后的 result 页面

2.2.2 修改题库

由于运行小程序后出现的还是心理测试的题目，因此需要将其改成 C 语言的题目。其中，C 语言题库可以在提供的代码包"C 语言测试最终代码"中寻找。开发者先导入 C 语言小程序代码包，找到 app.js 文件后，将该项目中的 question 数组直接复制到自己的项目中，如图 2-21 所示。除此之外，开发者也可以尝试自己对题库进行修改，手动添加题目的题干信息与选项信息。

这里题库的 question 数组看着有点乱，不符合代码规范，开发者使用格式化代码的默认快捷键 Shift+Alt+F 将代码格式化。当然，开发者也可以选择"设置"→"快捷键设置"→"编

```
  globalData: {
    userInfo: "hello",
    question: [{ "question": "在下列选项中,不正确的赋值语句是 ( ) ",  "option": { "A": " ++t;", "B": "n1=(n2=(n3=0));","C": "k=i=j; ", "D": " a=b+c=1;" } },
      { "question": "表达式: 10!=9的值是 ( ) ", "option": { "A": "true", "B": "非零值", "C": "0", "D": "1" } },
      { "question": "C语言提供的合法的数据类型关键字是 ( ) ", "option": { "A": "Double", "B": "short", "C": " integer", "D": "Char" } },
      { "question": "字符(char)型数据在微机内存中的存储形式是 ( ) ", "option": { "A": "反码", "B": "补码", "C": "EBCDIC码", "D": "ASCII码" } },
      { "question": "C语言程序的基本单位是 ( ) ", "option": { "A": "程序行", "B": "语句", "C": "函数", "D": "字符" } },
      { "question": "设 int a=12,则执行完语句a+=a-=a*a后,a的值是 ( ) ", "option": { "A": "552", "B": "264", "C": "144", "D": "-264" } },
      { "question": "若要求在if后一对圆括号中表示a不等于0的关系,则能正确表示这一关系的表达式为______.", "option": { "A": "a<>0", "B": "!a", "C": "a=0", "D": "a" } },
      { "question": "为表示关系x≥y≥z,应使用C语言表达式______.", "option": { "A": "(x>=y)&&(y>=z)", "B": "(x>=y)AND(y>=z)", "C": "(x>=y>=z)", "D": "(x>=y) & (y>=z)" } },
      { "question": "在C语言源序中, 以下叙述正确的是 ( ) ", "option": { "A": "main函数必须位于文件的开头", "B": "每行只能写一条语句", "C": "程序中的一个语句可以写成多行", "D": "每个语句的最后必须有点号" } },
      { "question": "C语言中非空的基本数据类型包括________.", "option": { "A": "整型,实型,逻辑型", "B": "整型,实型,字符型", "C": "整型,字符型,逻辑型", "D": "整型,实型,逻辑型,字符型" } },
      { "question": "已知a=12,则表达式a+=a-=a*=a的结果是______.", "option": { "A": "0", "B": "144", "C": "12", "D": "-264" } },
      { "question": "若已定义int a,则表达式a=10,a+10,a++的值是__.", "option": { "A": "20", "B": "10", "C": "21", "D": "11" } },
      { "question": "若已定义x和y是整型变量,x=2;,则表达式y=2.75+x/2的值是________.", "option": { "A": "5.5", "B": "5", "C": "3", "D": "4.0" } },
      { "question": "设有以下语句: int x=10; x+=3+x% (3) , 则x的值是 ( ) ", "option": { "A": "14",
```

图 2-21　在 app.js 中修改题库信息

辑”选项,自定义格式化代码的快捷键。格式化后的代码如图 2-22 所示。格式化后的 question 数组显得更加规范,开发者读代码时也更轻松。

```
  },
  globalData: {
    userInfo: "hello",
    question: [{
        "question": "在下列选项中,不正确的赋值语句是 ( ) ",
        "option": {
          "A": " ++t;",
          "B": "n1=(n2=(n3=0));",
          "C": "k=i=j; ",
          "D": " a=b+c=1;"
        }
      },
      {
        "question": "表达式: 10!=9的值是 ( ) ",
        "option": {
          "A": "true",
          "B": "非零值",
          "C": "0",
          "D": "1"
        }
      },
      {
        "question": "C语言提供的合法的数据类型关键字是 ( ) ",
        "option": {
          "A": "Double",
          "B": "short",
          "C": " integer",
          "D": "Char"
```

图 2-22　格式化后的代码

题库修改后,单击"开始测试"按钮,进入 test 页面后看到的就是 C 语言测试题了,如图 2-23 所示。

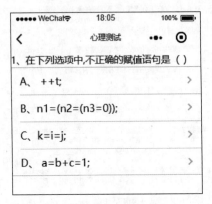

图 2-23　修改后的测试页面

另外 C 语言测试小程序中,如果想要题目不再随机出现,而且题目按 question 数组中的顺序显示给测试者,那么就需要将 test 页面中的 randSort() 函数注释掉。没有了 randSort() 函数,setList() 函数和 setABC() 函数也就没有存在的必要了,因此也将其注释掉,如图 2-24 所示。注释的快捷键为 Ctrl+/,另外 onLoad() 中的两句也要注释掉。

```
32    },
33
34    // randSort: function () {
35    //   return Math.random() > 0.5 ? 1 : -1;
36    // },
37
38    // setList: function () {
39    //   var newList = this.data.list.sort(this.randSort);
40    //   this.setData({
41    //     list: newList,
42    //   });
43    // },
44
45    // setABC : function(){
46    //   var abc = this.data.listABC.sort(this.randSort);
47    //   this.setData({
48    //     listABC: abc,
49    //   });
50    // },
51
```

图 2-24　注释掉 randSort()、setList() 和 setABC() 函数

2.3　C 语言测试逻辑修改

2.2 节基本完成了添加 D 选项以及将心理学题库更换成 C 语言题库的任务。但经过调试运行发现还存在一些小问题,这些小错误的出现正是因为代码中存在一些细小的逻辑问题。通过修改代码能够很好地拉近初学者与

小程序开发的距离,并且进一步熟悉小程序的代码构成。本节主要针对 test 页面存在的几个问题提出了解决方案。

2.3.1 问题一:第一题与第二题相同

单击"开始测试"按钮,进行 C 语言习题测试,会发现第一题与第二题相同,如图 2-25 和图 2-26 所示。

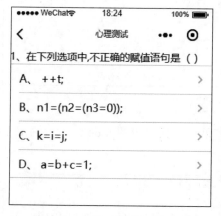

图 2-25　第一题题目信息

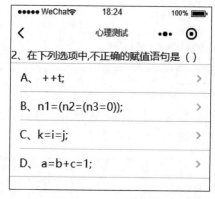

图 2-26　第二题题目信息

在 test.js 文件中,data 数组中的变量 index 初始值为 0,在 test.wxml 文件中使用变量 {{index＋1}} 来表示题目序号,题目序号即从 1 开始显示;另外 data 数组中的变量 questionDetail 与 answerA、answerB、answerC、answerD 的初始值均为 app.js 文件的 question 数组的第一个元素,即 question[0],因此第一题显示的是题库中的第一道题。

当单击其中一个选项时,比如单击 A 选项时,触发事件处理函数 answerClickA(),先看一下该函数中的部分逻辑,代码如下:

```
this.setData({
index:this.data.index + 1,
realIndex:this.data.list[this.data.index],
})
this.setData({
questionDetail: app.globalData.question[this.data.realIndex].question,
answerA: app.globalData.question[this.data.realIndex].option[this.data.listABC[0]],
answerB: app.globalData.question[this.data.realIndex].option[this.data.listABC[1]],
answerC: app.globalData.question[this.data.realIndex].option[this.data.listABC[2]],
answerD: app.globalData.question[this.data.realIndex].option[this.data.listABC[3]],
})
```

上述代码中,使用 this.setData 将 index 的值加 1,并给 realIndex 赋值,这里要注意的是,在 this.setData({}) 语句中,index 的值为 0,执行完该语句后,index 的值才变为 1,因此 realIndex = list[0] = 0,即单击 A 选项后,变量 questionDetail 与 answerA、answerB、 answerC、answerD 的值仍然为 question 数组的第一个元素，而此时 index＋1 的值为 2，第二题仍为题库中的第一题。

修改方法如下：

（1）如图 2-27 所示，将 index 的初始值改为 1；

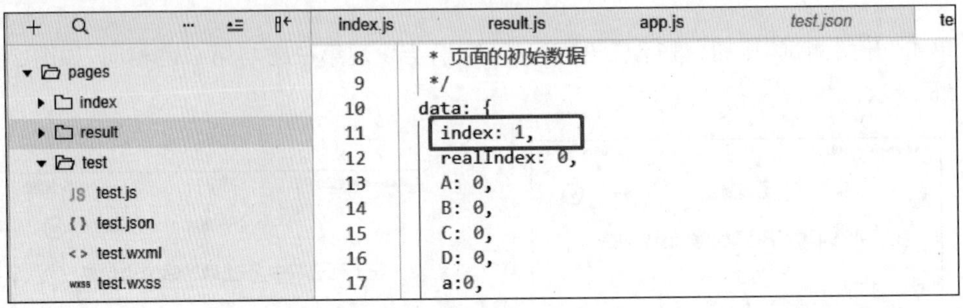

图 2-27　修改 index 的初始值为 1

（2）如图 2-28 所示，选择 test.wxml 文件，将第 3 行代码中的 index＋1 改为 index，即把＋1 去掉。

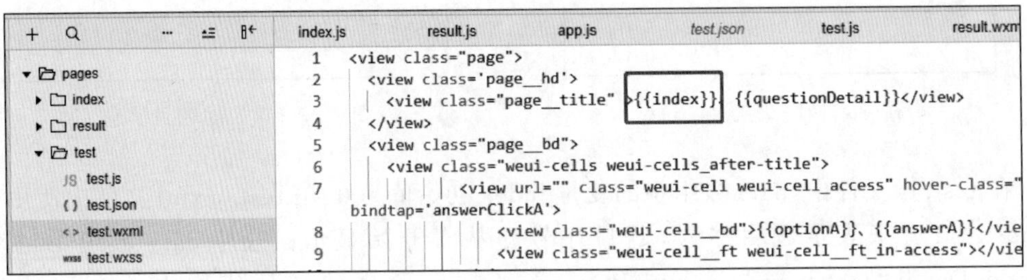

图 2-28　改变 wxml 文件题目序号

2.3.2　问题二：无法完成第 20 题的做答

测试过程中，会发现当完成第 19 题后，第 20 题一闪而过，就直接跳转至 result 页面。最后测试结果页面累计只选择了 19 次，如图 2-29 所示。

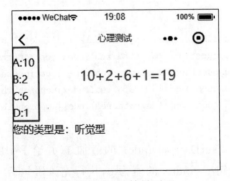

图 2-29　测试结果页面

由于在单击完第 19 题的选项后,this.data.index 变为 20,来到了 if 判断语句,由于满足判断条件 this.data.index = 20,执行 if 语句内容,即执行 wx.redirectTo 路由带参跳转至 result 页面,显示最终结果,因此没有选择第 20 题的余地,如图 2-30 所示。

```
79     }
80     this.setData({
81       index: this.data.index + 1,
82       realIndex: this.data.list[this.data.index],
83     })
84                    ← 执行完this.setData后, index值为20
85     this.setData({
86       questionDetail: app.globalData.question[this.data.realIndex].question,
87
88       answerA: app.globalData.question[this.data.realIndex].option[this.data.listABC[0]],
89       answerB: app.globalData.question[this.data.realIndex].option[this.data.listABC[1]],
90       answerC: app.globalData.question[this.data.realIndex].option[this.data.listABC[2]],
91       answerD: app.globalData.question[this.data.realIndex].option[this.data.listABC[3]],
92     })
93     if (this.data.index == 20) {    满足条件,执行if语句中的跳转
94       wx.redirectTo({
95         url: '/pages/result/result?A=' + this.data.A + '&B=' + this.data.B + '&C=' + this.data.C + '&D=' + this.data.D,
96       })
97     }
98   },
```

图 2-30 test.js 中的 if 语句

修改方法如下:将整个 if 语句移至 this.setData 使得 index+1 之前,如图 2-31 所示。这样一来,当 index=19 时,不满足 if 语句中的条件,不执行跳转,然后再执行 this.setData 使得 index=20,那么当单击第 19 题的选项时,会显示第 20 题。

```
79     }
80     if (this.data.index == 20) {
81       wx.redirectTo({
82         url: '/pages/result/result?A=' + this.data.A + '&B=' + this.data.B + '&C=' + this.data.C + '&D=' + this.data.D,
83       })
84     }
85     this.setData({
86       index: this.data.index + 1,
87       realIndex: this.data.list[this.data.index],
88     })
89
90     this.setData({
91       questionDetail: app.globalData.question[this.data.realIndex].question,
92
93       answerA: app.globalData.question[this.data.realIndex].option[this.data.listABC[0]],
94       answerB: app.globalData.question[this.data.realIndex].option[this.data.listABC[1]],
95       answerC: app.globalData.question[this.data.realIndex].option[this.data.listABC[2]],
96       answerD: app.globalData.question[this.data.realIndex].option[this.data.listABC[3]],
97     })
98
99   },
100
```

图 2-31 改变 if 语句的位置

修改完后单击"编译"按钮,重新测试代码,发现在 20 题做完后产生报错,原因是当选择第 20 题时,realIndex 的值变为 20,而 question[20]不存在,即题库中没有第 21 题的题目信息。修改方法如图 2-32 所示,即添加一个 if 判断语句,判断只有当 index<20 时才更新 test 中题目信息的视图,当 index = 20 时,不满足条件,则不更新题目信息,跳转至 result 页面。

```
app.js   •   test.js   ×
72           })
73         }
74         if (this.data.index == 20) {
75           wx.redirectTo({
76             url: '/pages/result/result?A=' + this.data.A + '&B=' + this.data.B + '&C=' +
     this.data.C + '&D=' + this.data.D + '&correct=' + this.data.correct + '&error=' +
     this.data.error,
77           })
78         }
79         if(this.data.index < 20){
80         this.setData({
81           index: this.data.index + 1,
82           realIndex: this.data.list[this.data.index],
83         })
84         this.setData({
85           questionDetail: app.globalData.question[this.data.realIndex].question,
86
87           answerA: app.globalData.question[this.data.realIndex].option[this.data.listABC[0]],
88           answerB: app.globalData.question[this.data.realIndex].option[this.data.listABC[1]],
89           answerC: app.globalData.question[this.data.realIndex].option[this.data.listABC[2]],
90           answerD: app.globalData.question[this.data.realIndex].option[this.data.listABC[3]],
91         })
92         }
93       },
```

图 2-32 添加 if 判断

需要注意的是，对于以上两个逻辑问题均只修改了 answerClickA 部分的代码，需要对 answerClickB、answerClickC、answerClickD 部分相应的代码进行同样的修改。

思考题：现在做完全部题后的页面显示的结果仍是心理学测试的结论，如何才能修改成 C 语言题目做对或做错的题数统计结果？答案将在 2.4 节中揭晓。

2.4 添加做题结果

2.3 节内容主要是修改了 C 语言测试存在的一些逻辑错误，同时留下了一个思考题，本节将对该思考题做一个解答，同时对 C 语言测试功能做进一步的完善。

2.4.1 test 页面修改

首先 test.js 文件中部分代码过于复杂，这里对它进行简单修改。如图 2-33 所示，框中的代码过于繁杂，这里只需要一个简单的赋值就行。当单击 A 选项时，给 A 的值加 1 即可，如图 2-34 所示。

对于本节要增加的做题结果，先在 data 数组中增加 correct 和 error 两个变量，分别用于记录正确题数与错误题数，初始值均为 0，另外将增加一个 answer 数组，数组中为 20 道题的正确答案，如图 2-35 所示。

注意到 anwer[0]为一个空字符串，这是根据后面 answerClickA()中新增的代码决定的。先看一下代码，如图 2-36 所示。由于 index 初始值为 1，当选择 A 选项时，判断 this.data.answer[this.data.index]即 answer[1]是否等于 A，若等于，则 correct 的值加 1，否则 error 的值加 1。因此第一题的答案对应的是 answer[1]，answer[0]为任何值都不影响，正确答案从 answer[1]开始存储于 answer 数组中即可。

第2章 "C语言习题测试"案例开发

```
index.js      result.js      app.js        test.json      test.js  ×    result.wxml      tes
58
59    answerClickA: function () {
60      if (this.data.listABC[0] == 'A') {
61        this.setData({
62          A: this.data.A + 1
63        })
64      }
65      else if (this.data.listABC[0] == 'B') {
66        this.setData({
67          B: this.data.B + 1
68        })
69      }
70      if (this.data.listABC[0] == 'C') {                修改这段代码
71        this.setData({
72          C: this.data.C + 1
73        })
74      }
75      if (this.data.listABC[0] == 'D') {
76        this.setData({
77          D: this.data.D + 1
78        })
79      }
80      if (this.data.index == 3) {
81        wx.redirectTo({
```

图 2-33 修改繁杂的 if 判断

```
app.js      test.js    •
59
60
61    answerClickA: function () {
62      this.setData({
63        A: this.data.A + 1
64      })
65
66      if (this.data.index == 20) {
67        wx.redirectTo({
68          url: '/pages/result/result?A=' + this.data.A + '&B=' + this.data.B + '&C=' + this.data.C + '&D=' + this.data.D + '&correct=' + this.data.correct + '&error=' + this.data.error,
69        })
```

图 2-34 修改后的简单逻辑

```
app.js      test.js    •
 9    */
10    data: {
11      index: 1,
12      realIndex: 0,
13      A: 0,
14      B: 0,
15      C: 0,
16      D: 0,
17      a:0,
18      b:0,
19      c:0,
20      d: 0,
21      optionA: "A",
22      optionB: "B",
23      optionC: "C",
24      optionD: "D",
25      questionDetail: app.globalData.question[0].question,
26      answerA: app.globalData.question[0].option.A,
27      answerB: app.globalData.question[0].option.B,
28      answerC: app.globalData.question[0].option.C,
29      answerD: app.globalData.question[0].option.D,
30      list: [0, 1, 2, 3, 4, 5, 6, 7, 8, 9, 10, 11, 12, 13, 14, 15, 16, 17, 18, 19, 20],
31      listABC: ['A','B','C','D'],
32      answer:['','D','D','B','D','C','D','D','A','C','B','A','B','C','A','A','C','D','A','D','D'],
33      correct: 0,
34      error: 0
35    },
36
```

图 2-35 添加变量 answer、correct 和 error

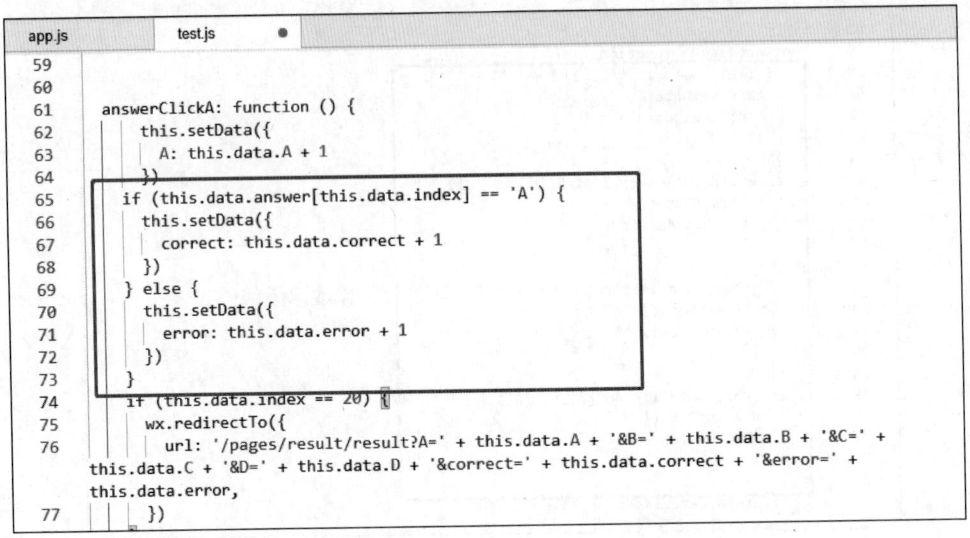

```
app.js      test.js
59
60
61    answerClickA: function () {
62        this.setData({
63            A: this.data.A + 1
64        })
65        if (this.data.answer[this.data.index] == 'A') {
66            this.setData({
67                correct: this.data.correct + 1
68            })
69        } else {
70            this.setData({
71                error: this.data.error + 1
72            })
73        }
74        if (this.data.index == 20) {
75            wx.redirectTo({
76                url: '/pages/result/result?A=' + this.data.A + '&B=' + this.data.B + '&C=' +
this.data.C + '&D=' + this.data.D + '&correct=' + this.data.correct + '&error=' +
this.data.error,
77            })
```

图 2-36　给 correct、error 变量赋值

另外带参跳转至 result 页面时，加上 correct 与 error 的值，用于在 result 页面显示正确率，如图 2-37 所示。

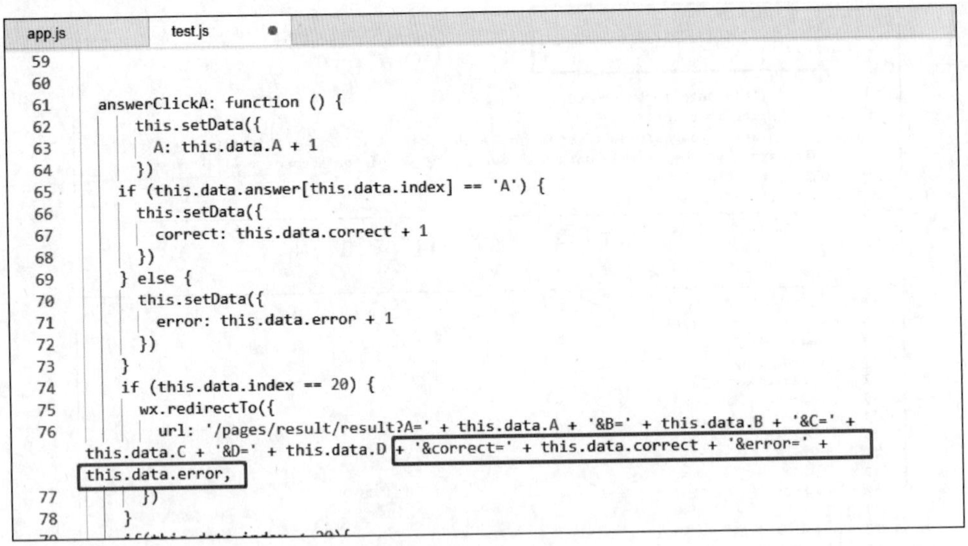

```
app.js      test.js
59
60
61    answerClickA: function () {
62        this.setData({
63            A: this.data.A + 1
64        })
65        if (this.data.answer[this.data.index] == 'A') {
66            this.setData({
67                correct: this.data.correct + 1
68            })
69        } else {
70            this.setData({
71                error: this.data.error + 1
72            })
73        }
74        if (this.data.index == 20) {
75            wx.redirectTo({
76                url: '/pages/result/result?A=' + this.data.A + '&B=' + this.data.B + '&C=' +
this.data.C + '&D=' + this.data.D + '&correct=' + this.data.correct + '&error=' +
this.data.error,
77            })
78        }
```

图 2-37　带参跳转中添加 correct 与 error 的值

以上修改只针对 answerClickA()，因此需要对 answerClickB()、answerClickC()、answerClickD() 部分相应的代码进行同样的修改。

2.4.2　result 页面修改

如图 2-38 所示，在 result.wxml 下添加正确与错误显示结果，另外显示测试者属于什么类型不需要了,把这段代码删除即可。

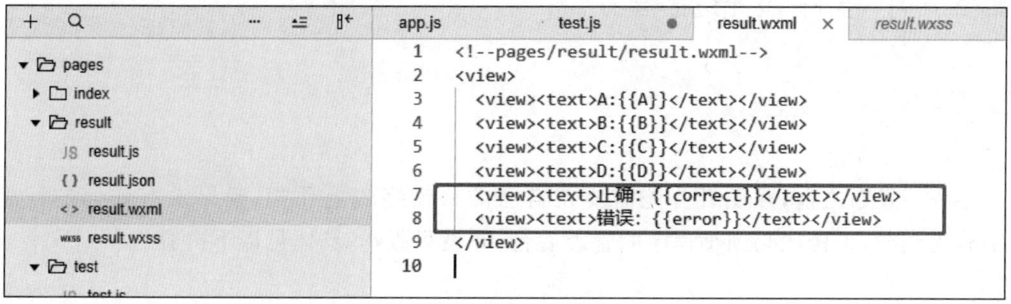

图 2-38 添加正确与错误显示

当然 result.js 中 whichKind()函数也不需要了,将其注释即可。另外,在 data 数组中增加 correct 和 error 变量,初始值为 0,并在生命周期函数 onLoad()中给 correct 和 error 赋值,具体代码如下:

```
/**
 * 页面的初始数据
 */
data: {
A: 2,
B: 3,
C: 5,
D: 0,
correct:0,
error:0
},

/**
 * 生命周期函数--监听页面加载
 */
onLoad:function (options) {
console.log(options)
this.setData({
A: options.A - 0,
B: options.B - 0,
C: options.C - 0,
D: options.D - 0,
correct: options.correct - 0,
error: options.error - 0
})
```

最终结果如图 2-39 所示。

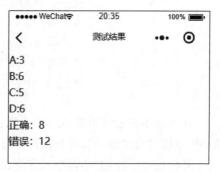

图 2-39 添加做题结果后的 result 页面

2.5 小程序发布流程

2.5.1 发布前准备

小程序发布之前,开发者首先需要在自己的移动终端上预览,确保没有任何的问题。当确认无误时,上传代码到小程序的管理后台,并设置版本,具体见以下内容。

1. 预览

单击开发者工具顶部操作栏的"预览"按钮,开发者工具会自动打包当前项目,并上传小程序代码至微信的服务器,成功之后会在界面上出现一个二维码。使用当前小程序开发者的微信扫码,即可看到小程序在手机客户端上的真实表现。

2. 上传代码

单击开发者工具顶部操作栏的"上传"按钮,填写版本号以及项目备注。需要注意的是,这里版本号以及项目备注是为了方便管理员检查版本,开发者可以根据自己的实际要求来填写这两个字段。

上传成功之后,登录小程序管理后台,选择"开发管理"→"开发版本"就可以找到刚提交上传的版本了。

3. 设置"体验版"或者"提交审核"

小程序版本如表2-3所示。

表2-3 小程序版本

版本	说明
开发版本	使用开发者工具,可将代码上传到开发版本中。开发版本只保留每人最新的一份上传的代码。单击"提交审核"按钮,可将代码提交审核。开发版本可删除,不影响线上版本和审核中版本的代码
审核中版本	只能有一份代码处于审核中。有审核结果后可以发布到线上,也可直接重新提交审核,覆盖原审核版本
线上版本	线上所有用户使用的代码版本,该版本代码在新版本代码发布后被覆盖更新

开发版本在还没审核通过成为线上版本之前,可以先将开发版本设为"体验版",然后使用"小程序教学助手",将自己的小程序授权给其他人体验。

另外也可以使用"小程序开发者助手"方便、快捷地预览和体验线上版本、体验版本以及开发版本,如图2-40所示。

下面介绍如何发布一个小程序,让开发者的成果被所有的微信用户都使用到。

图 2-40 小程序开发者助手以及使用效果

2.5.2 小程序上线

当小程序开发完成时提交审核,等待微信管理员审核通过后,发布成为线上版本,即完成小程序的发布,开发者可以随时查看运营数据的情况,步骤如下。

1. 提交审核

为了保证小程序的质量,以及符合相关的规范,小程序的发布是需要经过审核的。在开发者工具中上传了小程序代码之后,登录小程序管理后台,选择"开发管理"→"开发版本",找到提交上传的版本。

在开发版本的列表中,单击"提交审核"按钮,按照页面提示,填写相关的信息,即可将小程序提交审核。

需要注意的是,开发者需要严格测试版本之后,再提交审核,过多的审核不通过,可能会影响后续的时间。

2. 发布

审核通过之后,管理员的微信中会收到小程序通过审核的通知,此时登录小程序管理后台,选择"开发管理"→"审核版本",可以看到通过审核的版本。

单击"发布"按钮,即可发布小程序。

3. 运营数据

有两种方法可以方便地看到小程序的运营数据。

方法一：登录小程序管理后台，选择"数据分析"，单击相应的 tab 可以看到相关的数据，如图 2-41 所示。

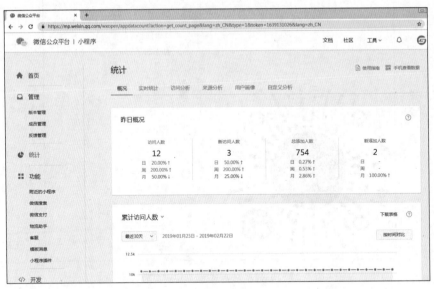

图 2-41　使用小程序管理后台查看运营数据的效果

方法二：使用小程序开发者助手，可以在微信中方便地查看运营数据，如图 2-42 所示。

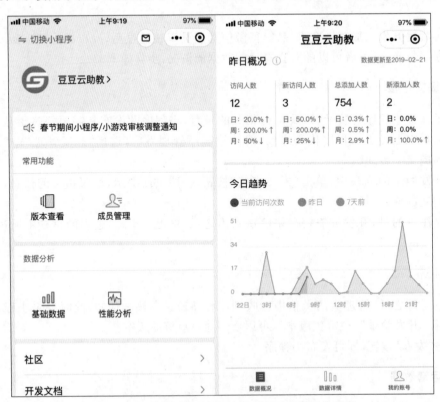

图 2-42　使用小程序开发者助手查看运营数据的效果

大家可以将 C 语言测试小程序发布上线,让别人体验一下自己开发的小程序,然后看看访问数据,也可以将 C 语言测试小程序进一步改成自己感兴趣的内容,如问卷调查之类的。

2.6 作业思考

一、讨论题

1. sort()函数是如何实现随机出题的?
2. question 数组中的题库代码不规范,如何使它快速规范?
3. 使用 this.data 变量赋值和 this.setData 变量赋值有什么区别?
4. 在 onReady:function()中添加形参和 onLoad()有什么区别?

二、单选题

1. 小程序使用( )方法将文件保存在本地。
   A. wx.saveDocument　　　　　　　　B. wx.downloadDocument
   C. wx.saveFile　　　　　　　　　　　D. wx.downloadFile

2. 小程序页面的所有路径地址都是保存在( )文件中的。
   A. app.json　　　　　　　　　　　　B. app.js
   C. app.wxss　　　　　　　　　　　　D. project.config.json

3. 在 app.json 的 window 属性中还可以配置页面顶端导航栏的样式,( )属性用于定义导航栏背景颜色。
   A. backgroundTextStyle　　　　　　B. navigationBarTextStyle
   C. navigationBarTitleText　　　　　D. navigationBarBackgroundColor

4. 关于 app.json 中的 tabBar 功能,以下说法正确的是( )。
   A. tabBar 上必须同时有图标和文字
   B. tabBar 中的指定的路径地址无须在 pages 属性中声明
   C. tabBar 默认显示最左边的页面
   D. tabBar 上可以只有图标,也可以只有文字

5. 关于微信 Web 开发者工具,不包含( )界面。
   A. 计算器　　　B. 模拟器　　　C. 编辑器　　　D. 调试器

6. this.data 赋值语句和 this.setData({})赋值方式的区别是( )。
   A. this.data 赋值语句只改变变量的值,this.setData({})既改变变量的值又会更新视图
   B. this.data 赋值语句不改变变量的值,this.setData({})只改变变量的值不会更新视图
   C. this.data 赋值语句只改变变量的值,this.setData({})只改变变量的值不会更新视图
   D. this.data 赋值语句只改变变量的值,this.setData({})既不改变变量的值又不会更新视图

7. Math.random()＞0.5？1：－1 的意思是(　　)。

    A. 1～－1 随机生成数字,大于 0.5 就返回 1,反之则返回－1

    B. 0.5～－1 随机生成数字,大于 0.5 就返回 1,反之则返回－1

    C. 0～1 随机生成数字,大于 0.5 就返回 1,反之则返回－1

    D. －0.5～1 随机生成数字,大于 0.5 就返回 1,反之则返回－1

8. 下面选项中可以实现带参跳转至 result 页面的是(　　)。

    A. wx.redirectTo({url：'/pages/result/result?A='+this.data.A})

    B. wx.redirectTo({url：'/pages/result/result?A='+A})

    C. wx.redirectTo({www：'/pages/result/result?A='+this.data.A})

    D. wx.redirectTo'({url：/pages/result/result?A=+this.data.A})'

9. 下面选项中可以给本章习题选项赋值的是(　　)。

    A. answerA:app.globalData.question[realIndex].option[listABCD[0]]

    B. answerA:app.globalData.question[this.data.realIndex].option[this.data.listABCD[0]]

    C. answerA:app.globalData.answer[this.data.realIndex].choice[this.data.listABCD[0]]

    D. answerA:option[this.data.listABCD[0]]

10. 下面选项中可以正确地在 index.js 打印 app.js 文件中的 globalData 的是(　　)。

    A. const app = getApp();
       console.log(app.globalData)

    B. const = getApp();
       console.log(app.globalData)

    C. const app = App();
       console.log(app.globalData)

    D. const app = getApp();
       console.log(globalData)

第二部分

基础篇

第3章

豆豆云助教"我的"页面模块开发

> 从此我不再仰脸看青天,不再低头看白水,只谨慎着我双双的脚步,我要一步一步踏在泥土上,打上深深的脚印。
>
> ——朱自清

不积跬步,无以至千里;不积小流,无以成江海。

曾经有一个少年,向一位大师求教如何才能做到跋山涉水不费吹灰之力,大师没有直接传授给他技艺,只叫他每天为自己养猪,并且有一个要求,必须抱着猪越过一座座山坡,翻过一条条河沟,晚上再抱回家,中途不能放下猪。日子一天天过去,少年心中不满,心想大师怎么每天只让自己为他养猪,但碍于情面也就没有吱声。两年后的某一天,大师突然对他说:"今天你不必抱着猪,自己上山去吧。"少年满心疑惑,但也照做了。意外的是,一路上他只觉得身轻如燕,脚步飞快,不一会儿便到了山顶。

少年恍然大悟,在过去的两年里,小猪仔一天天长大,从几斤长到了两百多斤,而自己每天抱着猪上山已经练就了一身的爬山好本领。

学习也是如此,点滴积累会让我们在不知不觉中变成高手,小程序开发的学习正式开始了,望同学们持之以恒,同时也要对自己充满信心。本章主要通过"我的"页面模块开发正式开始豆豆云助教的开发。完成"我的"页面模块开发之前,需要先完成授权登录页面和注册页面,拥有授权信息与注册信息后,才能在"我的"页面将个人信息显示出来。

3.1 授权登录页面

本节主要分为两部分,首先讲解授权登录页面涉及的知识点,然后在理解的情况下完成授权登录页面的开发。

3.1.1 授权页面知识点讲解

1. 小程序登录

小程序可以通过微信官方提供的登录功能方便地获取微信提供的用户身份标识,快速建立小程序内的用户体系。如图 3-1 所示,小程序通过 wx.login()获取 code(登录凭证),然后通过 wx.request()发送 code 至开发者服务器,开发者服务器将登录凭证 AppID、appsecret 与 code 用于校验微信接口,微信接口服务向开发者服务器返回用户唯一标识 openid 和会话密钥 session_key。开发者服务器实现自定义登录状态与 openid、session_key 的关联,并向小程序返回自定义状态。小程序将自定义登录状态存入 storage,并用于后续 wx.request 发起业务请求。

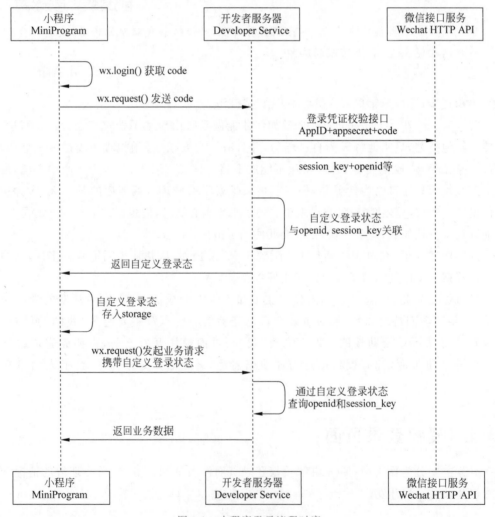

图 3-1 小程序登录流程时序

对于某个微信小程序,每个用户访问该小程序都会产生一个唯一的 openid,这个 openid 为用户访问该小程序的标识符,即每个用户的 openid 都是不一样的。因此,可以把 openid 作为用户唯一标识符(类似身份证号),并存于数据库中用于后续操作。

开发者服务器与微信接口服务之间的交互是由后台实现的,本节主要以小程序前端与开发者服务器之间的交互为主,后台部分会在第 9 章中详细介绍。

2. wx.login()

调用 wx.login()接口获取 code,通过 code 进而换取用户登录状态信息,其中 wx.login()接口属性如表 3-1 所示。

表 3-1　wx.login()接口属性

属　性	类　型	必　填	说　明
timeout	number	否	超时时间,单位为 ms
success	function	否	接口调用成功的回调函数
fail	function	否	接口调用失败的回调函数
complete	function	否	接口调用结束的回调函数(无论调用成功还是失败都会执行)

由于 app.js 会先于其他页面执行,所以比较适合处理一些注册函数,因此将 wx.login()方法写在 app.js 文件中。

3. wx.request()

wx.request()主要用于发送 HTTPS 网络请求,其属性详见表 3-2。

表 3-2　wx.request 属性

属　性	类　型	默认值	必　填	说　明
url	string		是	开发者服务器接口地址
data	string/object/ArrayBuffer		否	请求参数
header	object		否	设置请求的 header,header 中不能设置 Referer。content-type 默认为 application/json
method	string	GET	否	HTTP 请求方法
dataType	string	json	否	返回的数据格式
responseType	string	text	否	响应的数据类型
success	function		否	接口调用成功的回调函数
fail	function		否	接口调用失败的回调函数
complete	function		否	接口调用结束的回调函数(无论调用成功还是失败都会执行)

这里以小程序登录中小程序向开发者服务器发送 wx.request 请求为例,调用微信官方的 wx.login()接口会返回一串 jscode,服务器使用 jscode、AppID、appsecret 三个参数向微信请求得到 openid,这一步后台已经封装完成,并提供一个开放接口:

https://zjgsujiaoxue.applinzi.com/index.php/Api/Weixin/code_to_openidv2

具体代码如下：

```javascript
//登录
wx.login({
    success: res => {
        //发送 res.code 到后台换取 openid, session_key, unionid
        wx.request({
            url:'https://zjgsujiaoxue.applinzi.com/index.php/Api/Weixin/code_to_openidv2',
            data: {
                'code': res.code,
                'from': 'wxbf9778a9934310a1'
            },
            success:function (res) {
                console.log(res.data)
                //将 sessionid 保存到本地 storage
                wx.setStorageSync('jiaoxue_OPENID', res.data.openid)
            },
            fail:function (res) {
                console.log('res' + res)
            }
        })
    }
})
```

上述代码中，通过 wx.login()方法，成功返回 res，其中 res.code 为微信官方返回的 code，通过 wx.request()发起请求，请求参数为 code 与 appid，当请求成功时，后台会返回一个数组，数组中包含的值是由后台代码决定的，其中就包含了 openid，这里可以使用 console.log(res.data)来看一下返回的数组中所包含的值，如图 3-2 所示。

图 3-2　wx.request()请求的返回值

4. 数据缓存

每个微信小程序都可以有自己的本地缓存，通过数据缓存 API 可以对本地缓存进行设置、获取和清理。同一个微信用户，同一个小程序 storage 上限为 10MB。localStorage 以用户维度隔离，同一台设备上，A 用户无法读取到 B 用户的数据。

注意：如果用户存储空间不足，微信会清空最近且最久未使用的小程序的本地缓存。因此不建议将关键信息全部存在 localStorage，以防储存空间不足或用户换设备的情况。

数据缓存 API 主要有五类，包括数据的存储、获取、移除、清空以及获取存储信息，每类均包含同步与异步两种，具体详见表 3-3。

表 3-3 数据缓存 API 函数类型

函 数 名	说 明
wx.setStorage(Object object)	数据的存储（异步）
wx.setStorageSync(string key, any data)	数据的存储（同步）
wx.getStorage(Object object)	数据的获取（异步）
wx.getStorageSync(string key)	数据的获取（同步）
wx.getStorageInfo(Object object)	存储信息的获取（异步）
wx.getStorageInfoSync()	存储信息的获取（同步）
wx.removeStorage(Object object)	数据的移除（异步）
wx.removeStorageSync(string key)	数据的移除（同步）
wx.clearStorage(Object object)	数据的清空（异步）
wx.clearStorageSync()	数据的清空（同步）

其中，Sync 为英文单词 synchronization 的前四个字母，表示同步，因此 API 函数中带有 Sync 后缀的函数为同步函数。同步函数与异步函数之间的区别是，异步函数不会阻塞当前任务，同步函数缓存直到同步方法处理完才能继续往下执行。另外异步函数中含有成功回调函数，可用于数据处理成功后的操作。

这里以 wx.login() 中使用的 wx.setStroageSync() 为例，将 wx.request() 返回的 openid 存储于本地，方便 openid 的获取。使用 wx.setStorageSync() 的代码示例如下：

```
wx.setStorageSync('jiaoxue_OPENID', res.data.openid)
```

编译后，可以在调试器的 Storage 面板中看到 openid 已存入本地，Key 的值为 jiaoxue_OPENID，Value 的值为用户的 openid，如图 3-3 所示。

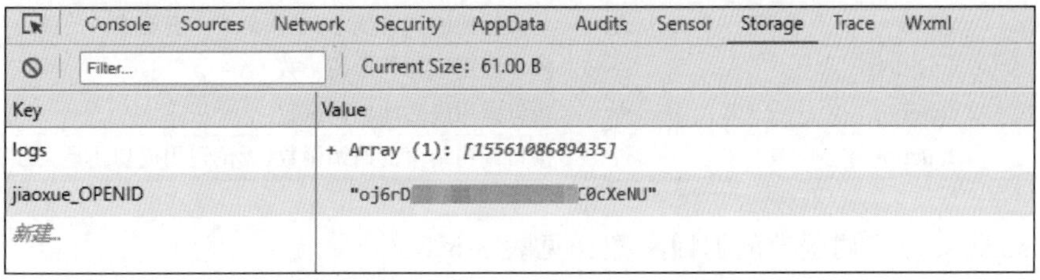

图 3-3 Storage 面板中的本地缓存

如果使用 wx.setStorage() 进行数据存储，可以对数据存储成功后再进行操作，代码较 wx.setStorageSync() 有变化，具体代码如下：

```
wx.setStorage({
    key:'jiaoxue_OPENID',
    data:res.data.openid,
```

```
    success:function(){
        console.log('存储成功')
    }
})
```

编译后,同样将 openid 存储于本地缓存,并执行成功回调函数,Console 面板打印出"存储成功",如图 3-4 所示。

图 3-4 Console 面板中的"存储成功"

需要使用本地缓存中的 openid 时,可以用 wx.getStorageSync('jiaoxue_OPENID')从本地获取 openid,并赋值给相应的变量。当然 wx.getStorage()也可以,这里不赘述。

5. wx.showModal()

小程序使用 wx.showModal(Object object)显示模态对话框,其中 object 参数说明如表 3-4 所示。

表 3-4 wx.showModal()中 Object 参数说明

属 性	类 型	默认值	必填	说 明
title	string		是	提示的标题
content	string		是	提示的内容
showCancel	boolean	true	否	是否显示取消按钮
cancelText	string	'取消'	否	取消按钮的文字,最多 4 个字符
cancelColor	string	#000000	否	取消按钮的文字颜色,必须是十六进制格式的颜色字符串
confirmText	string	'确定'	否	确认按钮的文字,最多 4 个字符
confirmColor	string	#576B95	否	确认按钮的文字颜色,必须是十六进制格式的颜色字符串
success	function		否	接口调用成功的回调函数
fail	function		否	接口调用失败的回调函数
complete	function		否	接口调用结束的回调函数(无论调用成功还是失败都会执行)

其中 success()回调函数的返回参数详见表 3-5。

表 3-5 success()回调函数的返回参数

属 性	类 型	说 明	最低版本
confirm	boolean	为 true 时,表示用户单击了"确定"按钮	
cancel	boolean	为 true 时,表示用户单击了"取消"按钮(用于 Android 系统区分单击"蒙层"关闭还是单击"取消"按钮关闭)	1.0.0

在进入豆豆云助教时,如果用户没有注册过,会弹出模态对话框提示用户前往注册,具体代码如下:

```
if (!res.data.is_register) {
    wx.showModal({
        title:'提示',
        content:'请先注册',
        showCancel:false,
        confirmText:"确定",
        success:function(res) {
            wx.navigateTo({
                url:'/pages/register/userlogin',
            })
        }
    })
}
```

编译后,弹出模态对话框,提示用户前往注册,如图3-5和图3-6所示。

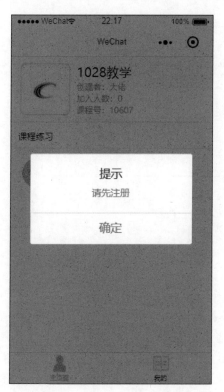 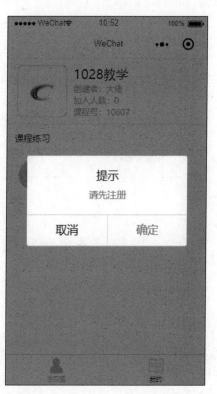

图3-5　模态对话框提示用户注册(不含"取消"按钮)　　图3-6　模态对话框提示用户注册(含"取消"按钮)

另外尝试在该 wx.showModel() 的基础上,进行简单的修改,首先将 showCancel 属性删除,这样模态对话框会默认 showCancel 的值为 true。然后添加一个成功回调函数 success(),通过 console.log() 查看 success() 的返回值具体有哪些,具体代码如下。

```
wx.showModal({
    title:'提示',
    content:'请先注册',
    confirmText:"确定",
    success:function(res) {
        console.log(res)
        if(res.confirm){
          console.log('"确定"按钮被单击')
          wx.navigateTo({
             url:'/pages/register/userlogin',
          })
        }else if(res.cancel){
          console.log('"取消"按钮被单击')
        }
    }
})
```

编译后,效果如图 3-6 所示。在 Console 面板中可以看到打印出来的 success() 函数的返回值,如图 3-7 所示。

图 3-7 success()函数的返回值

3.1.2 授权登录页面实现

1. 新建小程序项目

首先新建一个小程序项目,具体操作与 1.1.3 节中 Hello World 小程序的新建一样,新建项目时,建议开发者自定义项目名称,并且在存放小程序项目的目录下新建一个空的文件夹,项目目录选择该文件夹,这样方便以后寻找项目所在目录。项目名称可自定义,本书将项目名称命名为 doudouyun,与项目相关,具体如图 3-8 所示。

2. 新建 userlogin 页面

完成项目新建后,需要新建一个授权登录页面,首先右击 pages 目录,在弹出的快捷菜单中选择"新建目录"命令,新建目录并命名为 register。然后右击 register 目录,在弹出的快捷菜单中选择"新建 Page"命令,新建 Page 并命名为 userlogin,如图 3-9 和图 3-10 所示。

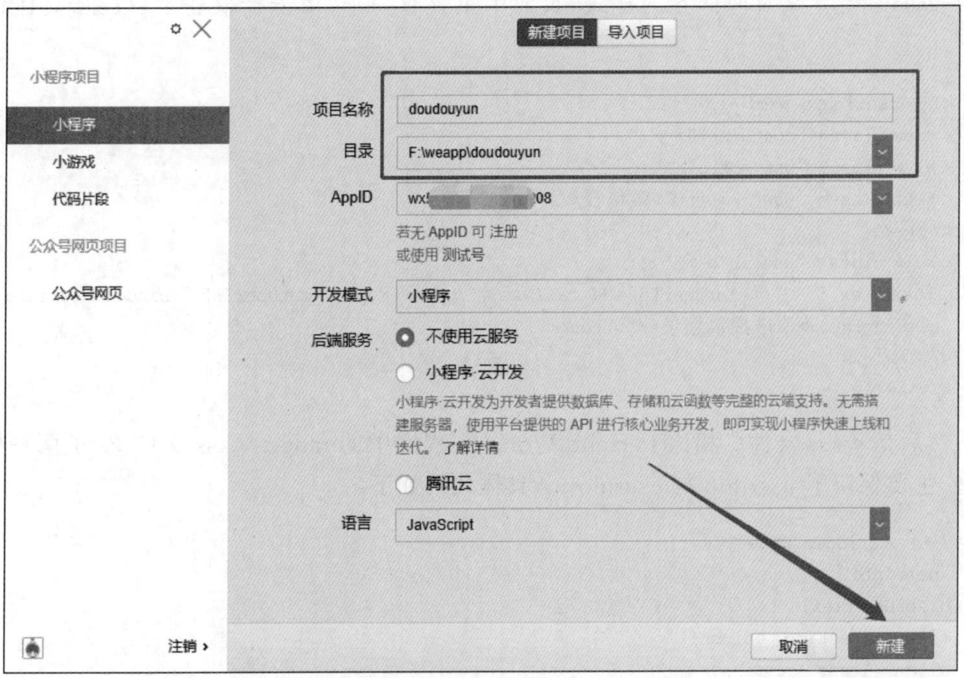

图 3-8　新建 doudouyun(豆豆云)项目

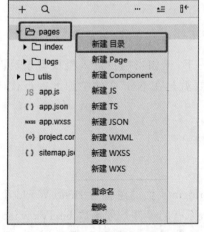

图 3-9　选择"新建目录"命令

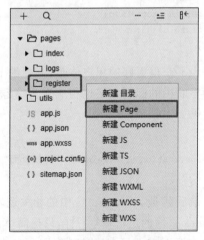

图 3-10　选择"新建 Page"命令

选择"新建 Page"命令而不选择一个一个文件新建,原因是选择"新建 Page"命令时,app.json 的 pages 属性中会自动添加新建的页面,开发者不需要再手动添加页面路径了。

3. userlogin 页面开发

userlogin 页面的功能主要是授权,与 Hello World 小程序中 index 页面的功能相似,因此只要在 Hello World 小程序的基础上进行简单修改即可。

首先是 wxml 文件。userlogin 页面结构主要由 view、text 与 button 三种标签组成，并使用 class 属性定义对应标签的样式，页面中主要有一个"单击授权登录"按钮，具体代码如下：

```
<!-- userlogin.wxml -->
<view class="container">
<view class="usermotto">
<text class="user-motto">微信授权</text>
</view>
<view class="userinfo">
<button wx:if="{{!hasUserInfo && canIUse}}" open-type="getUserInfo" bindgetuserinfo="getUserInfo">单击授权登录</button>
</view>
</view>
```

然后是 wxss 文件。相比于 Hello World 小程序中的 index.wxss 文件，少了两种样式类型，主要保留了 userinfo 与 usermotto，具体代码如下：

```
/** userlogin.wxss **/
.userinfo {
display: flex;
flex-direction: column;
align-items: center;
}
.usermotto {
margin-top: 150px;
text-align: center;
}
```

为了获得更好的用户体验，一些细节也要注意一下，比如当用户进入授权登录页面时，页面导航栏的标题文字也相应变为"授权页面"，主要就是在 json 文件中加上一行代码，具体代码如下：

```
{
"navigationBarTitleText": "授权页面"
}
```

最后就是 userlogin.js 中的相关逻辑代码。userlogin 页面的逻辑与 Hello World 小程序中 index 页面的逻辑基本一样，只是简单调整了一下，原有的事件处理函数 bindViewTap()在授权页面不需要了，直接删除即可。在 onLoad()函数最后加上一个判断语句，判断当 hasUserInfo!=false 时，跳转至 register 页面，即注册页面，具体代码如下：

```
if (this.data.hasUserInfo) {
    wx.navigateTo({
      url:'./register',
    })
}
```

另外 getUserInfo()函数中也相应加上一个页面跳转函数 wx.navigateTo()，实现当触

发事件处理函数 getUserInfo()时,跳转至 register 页面,具体代码如下:

```
getUserInfo:function (e) {
    wx.navigateTo({
      url:'./register',
    })
    app.globalData.userInfo = e.detail.userInfo
    this.setData({
      userInfo: e.detail.userInfo,
      hasUserInfo:true
    })
}
```

最后授权登录页面的效果如图 3-11 所示。

图 3-11　授权登录页面效果

如果之前已经授权过了,看不到想要的授权页面,可以单击工具栏中间区域的"清缓存"按钮清除授权记录。

4. app.js

除了完成 userlogin 页面的开发,还需要对 app.js 文件进行修改。首先是 wx.login()方法需要完善,这样才能实现小程序的登录功能,最终代码如下:

```
wx.login({
```

```
        success: res => {
          //发送 res.code 到后台换取 openid, session_key, unionid
          wx.request({
            url:'https://zjgsujiaoxue.applinzi.com/index.php/Api/Weixin/code_to_openidv2',
            data: {
              'code': res.code,
              'from': 'wx5ee2da791099a208'
            },
            success:function (res) {
              console.log(res.data)
              //将 sessionid 保存到本地 storage
              wx.setStorageSync('jiaoxue_OPENID', res.data.openid)
              if (!res.data.is_register) {
                wx.showModal({
                  title:'提示',
                  content:'请先注册',
                  showCancel:false,
                  confirmText:"确定",
                  success:function (res) {
                    wx.navigateTo({
                      url:'/pages/register/userlogin',
                    })
                  }
                })
              }
            },
            fail:function (res) {
              console.log('res' + res)
            }
          })
        }
      })
```

注意，wx.request()的 data 数组中，from 对应的是开发者的 appid，因此 appid 的值需要改成开发者自己的 appid。

编译后，发现 Console 面板会提示错误，如图 3-12 所示。

图 3-12　提示 request 中 url 不在合法域名列表

解决方法：单击工具栏右侧区域的"详情"按钮，勾选"不校验合法域名"复选框即可，如图 3-13 所示。

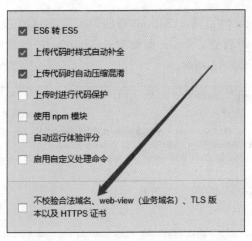

图 3-13　勾选"不校验合法域名"复选框

勾选"不校验合法域名"复选框后,重新编译一次,发现 Console 面板提示"该 appid 未注册",如图 3-14 所示。

图 3-14　提示"该 appid 未注册"

这是为了让所有开发者在学习豆豆云前端开发时,使用提供给所有开发者的云后台。豆豆云为开发者专门提供了一个接口,前往注册一下,即可使用提供的云后台。因此要使 wx.login 方法的 wx.request()中的 url 实现访问后台,需要前往 https://zjgsujiaoxue.applinzi.com/index.php/Page/Index/register 进行注册。调用该接口需要两个参数,即开发者的 appid 与 appsecret,如图 3-15 所示。

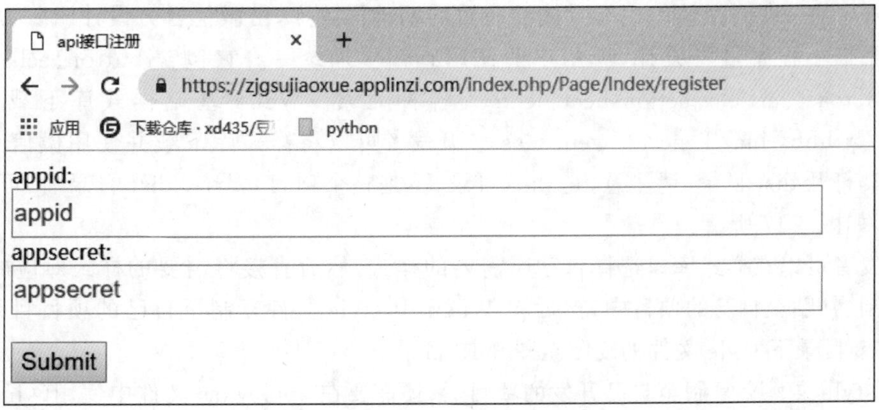

图 3-15　API 接口注册

填写 appid 与 appsecret 后，单击 Submit 按钮即可完成 API 接口注册。API 接口注册完成后，重新编译代码即可看到 Console 面板中 wx.request() 的返回值，主要包括 is_login、is_register 和 openid，如图 3-16 所示。

图 3-16　wx.request() 返回值

到这里，用户第一次进入授权登录页面的跳转逻辑已经完成。

3.2　注册页面

如果要在 userlogin 的逻辑中跳转到注册页面，就需要新建一个 register 页面。本节主要先对注册页面中的一些知识点进行讲解，然后再具体介绍如何完成注册页面的开发。

3.2.1　注册页面知识点讲解

注册页面主要新增了三个知识点，分别是微信官方 UI 库 WeUI、bindchange 事件和 openAlert() 函数。

1. 微信官方 UI 库 WeUI

WeUI 是一套同微信原生视觉体验一致的基础样式库，由微信官方设计团队为微信内网页和微信小程序量身设计，令用户的使用感知更加统一。它包含 button、cell、dialog、progress、toast、article、actionsheet、icon 等各种元素。WeUI 基础样式库下载地址为 https://github.com/Tencent/weui-wxss。开发者可以将样式库下载并使用微信 Web 开发者工具打开 dist 目录（请注意，是 dist 目录，不是整个项目），导入 dist 目录后，可以预览样式库，如图 3-17 所示。

开发者可以在样式库里选择自己所需要的样式，然后直接将需要的样式对应的 wxml 代码复制、粘贴至自己的项目中，然后将 WeUI 中 style 文件复制至自己的项目目录中，如将图 3-18 目录下 style 文件夹复制至图 3-19 目录下。

将 style 文件夹复制至自己开发的项目后，还需要在 app.wxss 文件中使用@import 导入 WeUI 的样式，如图 3-20 所示。到这里，即可正常使用 WeUI 库中微信的官方样式。

第3章 豆豆云助教"我的"页面模块开发

图 3-17 预览 WeUI 样式库

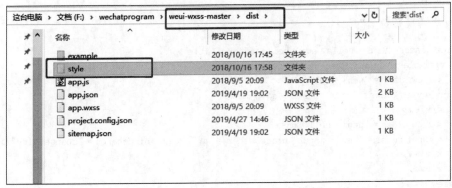

图 3-18 dist 目录下的 style 文件夹

图 3-19 doudouyun 项目下的 style 文件夹

83

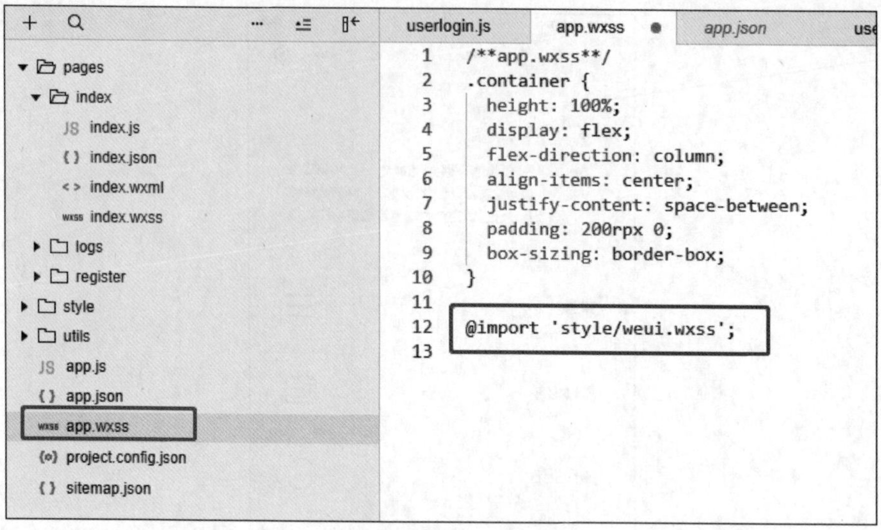

图 3-20 导入 WeUI 样式

2. bindchange 事件

bindchange 事件与 bindtap 事件不同，它主要是当输入框中的内容发生改变时，触发对应的事件处理函数，并且输入框中的值可以通过 event.detail.value 来获取。举个简单的例子，代码如下。

wxml 文件代码：

```
<view class = "weui-cells weui-cells_after-title">
  <view class = "weui-cell weui-cell_input">
    <view class = "weui-cell__hd">
      <view class = "weui-label">qq</view>
    </view>
    <view class = "weui-cell__bd">
      <input class = "weui-input" placeholder = "请输入 qq" bindchange = "changevalue"/>
    </view>
  </view>
</view>
```

js 文件代码：

```
Page({
  data: {
    qq:0
  },
  changevalue:function(event){
    console.log(event)
    this.setData({
      qq: event.detail.value
    })
  },
})
```

页面效果如图 3-21 所示。

图 3-21　bindchange 使用样例

当在输入框中输入内容后，单击其他空白处，可以打印出 changevalue()函数的返回值，会发现输入的内容被存放在 detail 的 value 中，如图 3-22 所示。

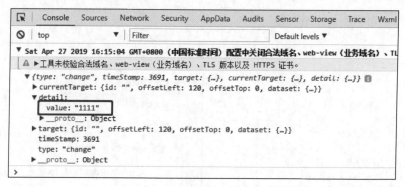

图 3-22　bindchange 事件触发后 value 的值

3. openAlert()函数

openAlert()函数是在 js 文件中自定义的一个函数，在定义函数后，可以在其他函数中使用 this.openAlert()调用 openAlert()函数。

3.2.2　注册页面实现

注册页面实现主要分为两部分：一部分是注册页面的页面布局；另一部分则是注册页面的功能实现。

1. 注册页面的页面布局

与新建 userlogin 页面一样，在 register 目录下，右击 register，在弹出的快捷菜单中选择"新建 Page"命令新建 Page 并命名为 register。建完 register 页面后，接下来就是往页面里写东西了。

首先看 register 页面最后的界面需要做成什么样，如图 3-23 所示。

然后在 WeUI 基础样式库中找到对应的样式，其中姓名、手机号、学校、学号和入学年份是一个输入框,对应的是 WeUI 中表单下 Input 里面的一种样式,如图 3-24 所示。单击模拟器下方的"打开"按钮,即可在编辑器的目录结构区找到该页面对应的目录,打开 input.wxml 文件,找到该样式对应的代码,如图 3-25 所示。将其复制至 doudouyun 项目的 register.wxml 中,其中这段代码最后还少了一个</view>,作为最开始<view>的结束标签。

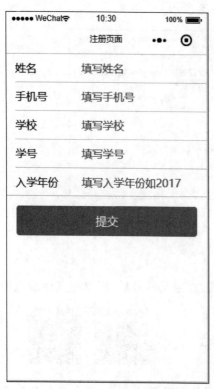

图 3-23　注册页面效果

图 3-24　WeUI 样式库中对应的 Input 样式

以姓名的 input 为例,其他项都与姓名的操作一致,register.wxml 代码如下:

```
<view class = "weui-cells weui-cells_after-title">
  <view class = "weui-cell weui-cell_input">
    <view class = "weui-cell__hd">
      <view class = "weui-label">姓名</view>
    </view>
    <view class = "weui-cell__bd">
      <input class = "weui-input" placeholder = "请输入姓名" bindchange = "changeName"/>
```

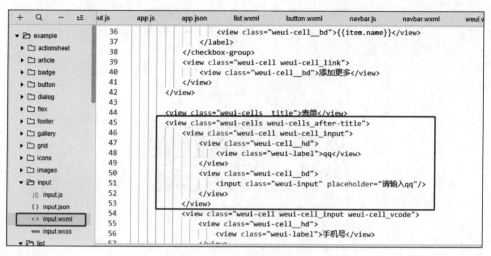

图 3-25　input.wxml 中样式对应的代码

```
        </view>
      </view>
</view>
```

2. 注册页面的功能实现

注册页面的功能实现需要完善 register.js 中的代码,代码如下:

```
Page({
  data: {
    name:''
  },
  changeName:function(e){
    this.setData({
      name: e.detail.value
    })
  }
})
```

其他注册信息的输入框与姓名一样,分别加入 wxml 代码,并在 data 数组中加入对应的变量,将对应的 bindchange() 函数进行修改即可。

除了输入框外,最后还有一个"提交"按钮,在 WeUI 样式库中的表单下的 button 中找到对应的 button 样式,如图 3-26 所示。

然后在 register.wxml 文件的最后加上一段 button 的代码,具体代码如下:

```
< view class = "page__bd page__bd_spacing submit">
  < button class = "weui - btn" type = "primary">提交</button>
</view>
```

其中,第一个< view >的 class 类的最后新加一个 submit 子类,并在 wxss 文件中写 submit 子类样式的相关属性,主要是为了调整"提交"按钮的样式。如果 margin 后面只有两个参数,

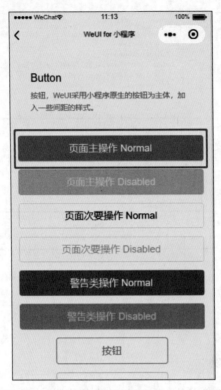

图 3-26　WeUI 样式库中对应的 button 样式

第一个表示 top 和 bottom，第二个表示 left 和 right。"margin：0 auto"表示上下边界为 0，左右则根据宽度自适应相同值（即居中）；padding-top 的作用是使 button 与 input 之间有一定距离，而不是紧紧连接在一起。设置 width 为屏幕宽度的 90%。具体代码如下：

```
.submit{
  margin: 0 auto;
  padding-top: 15px;
  width: 90%;
}
```

"提交"按钮绑定的事件处理函数 bindSubmit()，主要是向后台发送用户注册信息，这为后台提供了一个 API 接口用于将注册信息存入后台数据库。请求成功后，跳转至 index 页面，具体代码如下：

```
bindSubmit:function (e) {
  wx.request({
    url:'http://zjgsujiaoxue.applinzi.com/index.php/Api/User/register_by_openid',
    data: {
      openid: wx.getStorageSync('jiaoxue_OPENID'),
      globalData:JSON.stringify(app.globalData.userInfo),
      name:this.data.name,
      tel:this.data.tel,
      school:this.data.school,
```

```
          num:this.data.num,
          enter_year:this.data.year
        },
        success: res => {
          if (res.data.is_register) {
            wx.redirectTo({
              url:'../index/index',
            })
          }
        },
        fail: res => {
        },
      })
    },
```

3.3 "我的"页面

用户在注册页面填入注册信息后,单击"提交"按钮,完成豆豆云的注册。然后跳转至 index 页面,这里需要新建一个"我的"页面,用于用户查看注册信息,本节主要讲解如何开发"我的"页面。

3.3.1 "我的"页面知识点讲解

"我的"页面主要新增了两个知识点:微信小程序媒体组件 image 的属性和 wxss 属性。

1. image 属性

image 组件的属性详见表 3-6。

表 3-6 image 组件的属性

属性名	类型	说明
src	string	图片资源地址
mode	string	图片裁剪、缩放的模式
binderror	HandleEvent	当错误发生时,发布到 AppService 的事件名,事件对象 event.detail = {errMsg: 'something wrong'}
bindload	HandleEvent	当图片载入完毕时,发布到 AppService 的事件名,事件对象 event.detail = {height:'图片高度 px', width:'图片宽度 px'}

注:image 组件默认宽度为 300px,高度为 225px。

图 3-27 中 image 组件用到了三目运算作为判断。三目运算符定义为:<表达式 1 > ? <表达式 2 > : <表达式 3 >。其含义是:先求表达式 1 的值,如果为真,则执行表达式 2,并返回表达式 2 的结果;如果表达式 1 的值为假,则执行表达式 3,并返回表达式 3 的结果。

试验中的 image 链接语句 src="{{userInfo.head_img1? userInfo.head_img:'/images/

```
1  <view class="weui-cells weui-cells_after-title">
2      <view class="weui-cell weui-cell_access" hover-class="weui-cell_active"
   bindtap='choseImage'>
3          <view class="weui-cell__bd">头像</view>
4          <view class="zan-cell__ft weui-cell__ft_in-access ">
5              <image class="head_img" src="{{userInfo.head_img?
   userInfo.head_img:'/images/default_head_circle.png'}}"></image>
6          </view>
7      </view>
8      <view class="weui-cell weui-cell_access " hover-class="weui-cell_active"
   bindtap='bindName'>
9          <view class="weui-cell__bd ">姓名</view>
10         <view class="weui-cell__ft weui-cell__ft_in-access ">{{userInfo.name}}</view>
11     </view>
12     <view class="weui-cell weui-cell_access " hover-class="weui-cell_active"
   bindtap='bindTel'>
13         <view class="weui-cell__bd ">手机号</view>
14         <view class="weui-cell__ft weui-cell__ft_in-access ">{{userInfo.tel}}</view>
15     </view>
16     <view class="weui-cell weui-cell_access " hover-class="weui-cell_active"
   bindtap='bindSex'>
17         <view class="weui-cell__bd ">性别</view>
```

图 3-27 images 组件

default_head_circle.png'}} 是三目运算符。首先判断 Storage 当中是否获取到 userInfo.head_img，如图 3-28 所示。

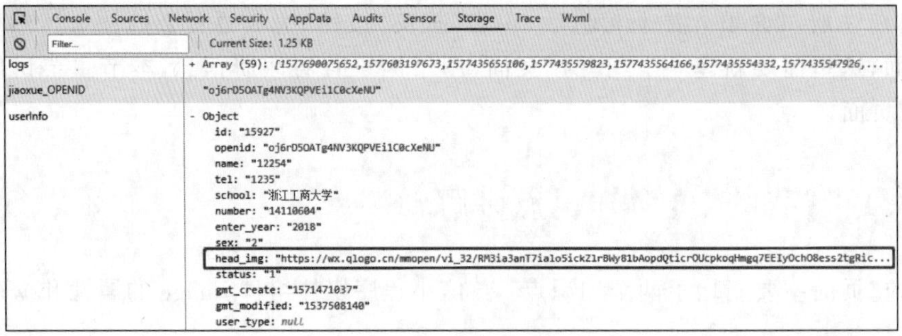

图 3-28 userinfo 中头像信息

如果 Storage 中获取到 userInfo.head_img，则图片资源地址为 userInfo.head_img，反之则为 image 文件中的 default_head_circle.png 图片。

2. wxss 属性

rpx(responsive pixel)：可以根据屏幕宽度进行自适应调节。规定屏幕宽为 750rpx。如在 iPhone6 上，屏幕宽度为 375px，共有 750 个物理像素，则 750rpx = 375px = 750 物理像素，1rpx = 0.5px = 1 物理像素。设备对应的单位换算详见表 3-7。

表 3-7 设备对应的单位换算

设 备	rpx 换算 px(屏幕宽度/750)	px 换算 rpx(750/屏幕宽度)
iPhone5	1rpx=0.42px	1px=2.34rpx
iPhone6	1rpx=0.5px	1px=2rpx
iPhone6 Plus	1rpx=0.552px	1px=1.81rpx

建议：开发微信小程序时设计师可以用 iPhone6 作为视觉稿的标准。

注意：在较小的屏幕上不可避免地会有一些毛刺，请在开发时尽量避免这种情况。

```
.head_img {
height: 120rpx;
width: 120rpx;
border-radius: 50%;
}
.weui-cell__ft {
color: #000;
}
```

上述代码中 height 为图片的高度，width 为图片的宽度，border-radius 为圆角的角度，为图片添加圆角边框，例如 border-radius：50%，就是以百分比定义圆角的形状。

3.3.2 "我的"页面实现

右击 pages，在弹出的快捷菜单中选择"新建目录"命令，新建目录并命名为 my。右击 my 目录，在弹出的快捷菜单中选择"新建 Page"命令，新建 Page 并命名为 myinfo。

"我的"页面的实现与注册页面基本相同。其中"我的"页面的效果如图 3-29 所示。

首先就是在 WeUI 样式库中找到对应的样式，查看 WeUI 中 list 样式，发现要找的是"带说明带跳转的列表项"，如图 3-30 所示。myinfo.wxml 文件中的代码如下：

图 3-29　"我的"页面效果 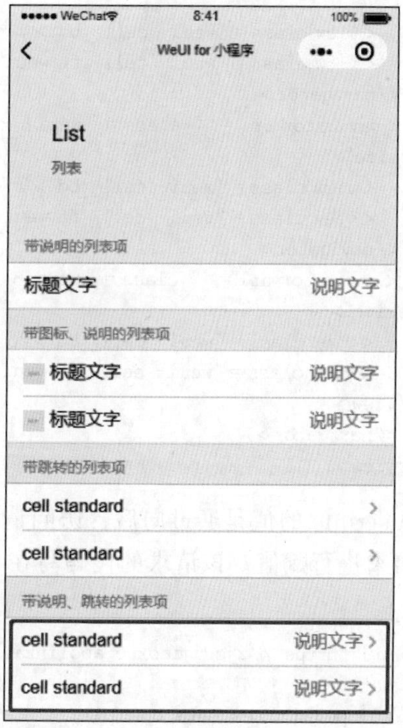　　　　图 3-30　WeUI 样式库中对应的 list 样式

```
<view class = "weui-cells weui-cells_after-title">
  <navigator url = "" class = "weui-cell weui-cell_access" hover-class = "weui-cell_active">
    <view class = "weui-cell__bd">头像</view>
    <view class = "weui-cell__ft weui-cell__ft_in-access">
      <image class = "head_img" src = "{{userinfo.head_img?userinfo.head_img:'/images/default_head_circle.png'}}">
      </image>
    </view>
  </navigator>
  <navigator url = "" class = "weui-cell weui-cell_access" hover-class = "weui-cell_active">
    <view class = "weui-cell__bd">姓名</view>
    <view class = "weui-cell__ft weui-cell__ft_in-access">{{userinfo.name}}</view>
  </navigator>
  <navigator url = "" class = "weui-cell weui-cell_access" hover-class = "weui-cell_active">
    <view class = "weui-cell__bd">手机号</view>
    <view class = "weui-cell__ft weui-cell__ft_in-access">{{userinfo.tel}}</view>
  </navigator>
  <navigator url = "" class = "weui-cell weui-cell_access" hover-class = "weui-cell_active">
    <view class = "weui-cell__bd">性别</view>
    <view class = "weui-cell__ft weui-cell__ft_in-access">{{userinfo.sex}}</view>
  </navigator>
  <navigator url = "" class = "weui-cell weui-cell_access" hover-class = "weui-cell_active">
    <view class = "weui-cell__bd">学校</view>
    <view class = "weui-cell__ft weui-cell__ft_in-access">{{userinfo.school}}</view>
  </navigator>
  <navigator url = "" class = "weui-cell weui-cell_access" hover-class = "weui-cell_active">
    <view class = "weui-cell__bd">学号</view>
    <view class = "weui-cell__ft weui-cell__ft_in-access">{{userinfo.number}}</view>
  </navigator>
  <navigator url = "" class = "weui-cell weui-cell_access" hover-class = "weui-cell_active">
    <view class = "weui-cell__bd">入学年份</view>
    <view class = "weui-cell__ft weui-cell__ft_in-access">{{userinfo.enter_year}}</view>
  </navigator>
</view>
```

其中，userinfo 的值是通过向后台访问请求，获取到的用户信息，并保存在本地，然后从本地读取出来进行赋值。该请求的代码写在 app.js 中，具体代码如下：

```
wx.request({
  url:'https://zjgsujiaoxue.applinzi.com/index.php/Api/User/getInfo',
  data: {
    'openid': res.data.openid,
  },
  success:function (res1) {
```

```
        wx.setStorageSync('userInfo', res1.data.data)
    },
})
```

在 myinfo.js 文件的 data 数组中定义变量 userinfo，并在 onLoad()函数中对 userinfo 变量进行赋值，具体代码如下：

```
Page({

/**
 * 页面的初始数据
 */
data: {
userinfo:{ }
},

/**
 * 生命周期函数--监听页面加载
 */
onLoad:function (options) {
this.setData({
userinfo: wx.getStorageSync('userInfo')
})
}
```

编译后发现头像显示过大，如图 3-31 所示。

图 3-31　头像显示过大

因此需要在媒体组件 image 中自定义类 head_img,调整图片大小。其中 myinfo.wxss 文件的代码如下:

```
.head_img{
height: 120rpx;
width: 120rpx;
border-radius: 50%;
}
```

到这里,"我的"页面就能正常显示了。

3.4 作业思考

一、讨论题

1. 讨论对小程序登录流程的理解。
2. 如何理解数据缓存中同步与异步缓存的区别?
3. 如何快速找到并使用 WeUI 基础样式库中自己需要的样式?
4. 样式中 margin 属性值为 0 auto 是什么意思?
5. bindchange 与 bindtap 有什么区别?
6. 新建 tabBar 之后,register 页面中页面跳转的逻辑是否需要修改?
7. 如何修改图片的大小和形状?

二、单选题

1. wx.login()有(　　)属性。
    A. success、fail、timeout、complete
    B. success、fail、data、complete
    C. success、fail、timeout、data
    D. success、fail、url、data

2. 以下关于 wx.showModal()的说法错误的是(　　)。
    A. Title 是模态对话框的标题
    B. Content 是模态对话框的内容
    C. showCancel 是否取消模态对话框
    D. cancelText 是"取消"按钮的文字

3. 以下关于 wx.request()的说法不正确的是(　　)。
    A. URL 是开发者服务器的接口地址
    B. data 是请求的参数
    C. complete()是调用结束的回调函数(只有调用成功才会执行)
    D. dataType 默认值是 json

4. 关于以下 API 请求的说法错误的是(　　)。

```
wx.request({
```

```
url: 'https://zjgsujiaoxue.applinzi.com/index.php/Api/Weixin/code_to_openidv2',
data: {
  questionA: right
},
success: function(res1) {
  console.log('http 返回值', res1)
},
fail: function(res2) {
  console.log('http 返回值', res2)
}
})
```

  A. questionA：right 表示向后台传送字符串'right'

  B. console.log('http 返回值',res1)表示请求成功打印后台返回值

  C. console.log('http 返回值',res2)表示请求失败打印后台返回值

  D. 该请求的 HTTP 请求方式是 POST

5. 当 wxml 的 input 组件通过 bindchange 事件绑定了 js 的 changname：function(e)函数时，打印 input 组件中改变的值，则使用(　　)。

  A. console.log(e.detail.value)

  B. console.log(e.detail.input)

  C. console.log(e.value)

  D. console.log(e.input)

6. 以下关于 image 组件的属性的说法中，(　　)是错误的。

  A. src：图片的资源地址

  B. mode：图片裁剪、缩放的模式

  C. binderror：当没有错误发生时，发布到 AppService 的事件名，事件对象 event.detail={ errMsg：'something wrong' }

  D. bindload：当文档载入完毕时，发布到 AppService 的事件名，事件对象 event.detail={height：'图片高度 px', width：'图片宽度 px'}

7. 关于三目运算符的定义：<表达式 1> ? <表达式 2> : <表达式 3>，以下表述正确的是(　　)。

  A. 先求表达式 1 的值，如果为真，则执行表达式 2，并返回表达式 2 的结果

  B. 先求表达式 1 的值，如果为真，则执行表达式 3，并返回表达式 3 的结果

  C. 如果表达式 1 的值为假，则执行表达式 2，并返回表达式 2 的结果

  D. 如果表达式 1 的值为真，则执行表达式 2 和 3，并返回表达式 2 和 3 的结果

8. 以下关于 rpx 的说法正确的是(　　)。

  A. iPhone6 上 1rpx = 0.5px = 1 物理像素

  B. iPhone5 上 1rpx = 0.5px = 1 物理像素

  C. iPhone6 上 1rpx = 0.42px = 1 物理像素

  D. iPhone6 Plus 上 1rpx = 0.5px = 1 物理像素

9. 以下关于 border-radius 的说法正确的是（　　）。
   A. 为图片添加边框 B. 为图片添加圆角边框
   C. 为文字添加圆角边框 D. 为图片改变边框大小
10. 以下关于数据缓存 API 函数类型的说法不正确的是（　　）。
    A. wx.setStorage(Object object)实现数据的异步存储
    B. wx.setStorage(Object object)实现数据的同步存储
    C. wx.getStorage(Object object)实现数据的异步获取
    D. wx.getStorageInfo(Object object)实现存储信息的异步获取

第4章

豆豆云助教"信息修改"模块开发

犯错误乃是取得进步所必须交付的学费。

——卢那察尔斯基

据传春秋时期有一位名叫扁鹊的神医,他医术高明,常出入宫廷为君王治病。一天,他去拜见蔡桓公,在细心观察其面容后说道:"我发现您的皮肤有病症出现,应及时治疗,防止病情恶化。"蔡桓公只觉身体并无异样,便不以为然地说:"我一点病也没有,不需要治疗。"扁鹊无奈离开,蔡桓公对手下的人说:"医生总喜欢在没有病的人身上显摆自己的能力,把别人健康的身体说成不健康,我不信这一套。"

十天后,扁鹊再次面见蔡桓公,他查看了桓公的脸色后说道:"您的病已经发展到肌肉里了,如果不治疗,病情会越发加重。"蔡桓公依旧不相信扁鹊的话,还对病情加重的说法深感不快。

又过了十天,扁鹊第三次去面见蔡桓公,语重心长地对他说道:"您的病已经发展到肠胃里了,必须加紧治疗,否则后果不堪设想。"蔡桓公觉得自己没有不舒服的地方,因此仍不相信扁鹊,反而更加厌恶他。

到了第四次见面时,扁鹊一言不发,扭头就走,这一下蔡桓公反而觉得奇怪,扁鹊怎么不说自己有病了呢?于是他派人前去询问,扁鹊回答:"一开始桓公的病只需用汤药清洗,再辅以针灸热敷即可治愈;后来他的病到了肌肉里,用针刺术可以攻克;再后来发展到了肠胃里,服食草药尚有疗效。可如今他的病已深入骨髓,药石无医,他的命已在阎王爷手中,我多说也无益。"

几天后,果不其然,蔡桓公突然浑身疼痛难忍,他赶紧派人去请扁鹊,可扁鹊已经逃到秦国去了。蔡桓公后悔莫及,最终在痛苦中死去。

程序中出现的一个个缺陷(bug)就如同一个个小的病症,在编写过程中,我们不能因为它们无伤大雅就放任不管,要正视问题,及早解决。

本章主要讲解如何完成修改"我的"页面的开发,该页面的主要功能是供用户修改"我的"页面中有误的个人信息,其中会介绍配置文件的使用以及对性别信息的处理等。

4.1　myinfo 页面调整

既然要完成修改"我的"页面的开发,首先需要新建一个页面,右击 my 目录,在弹出的快捷菜单中选择"新建 Page"命令,新建 Page 命名为 change。在开始修改"我的"页面开发之前,还需要对 myinfo 页面进行简单的调整。

4.1.1　性别信息显示调整

仔细看"我的"页面,发现"性别"这一栏显示的是 2,而不是"男"或"女",如图 4-1 所示。

这是由于性别是微信从用户所注册的微信账号信息中获取的,并且以数字的形式保存在数据库中,所以需要在 myinfo.js 的 data{ }中设一个数组来显示用户的"性别"信息,其中 0 对应"保密",1 对应"男",2 对应"女"。代码如下:

```
data: {
  userinfo:{ },
  sex_array:['保密', '男', '女']
},
```

另外,myinfo.wxml 中"性别"一栏对应的变量从{{userinfo.sex}}变为{{sex_array[userinfo.sex]}}},这样"我的"页面就可以正常显示"性别"信息了,如图 4-2 所示。

图 4-1　"我的"页面的"性别"信息显示有问题 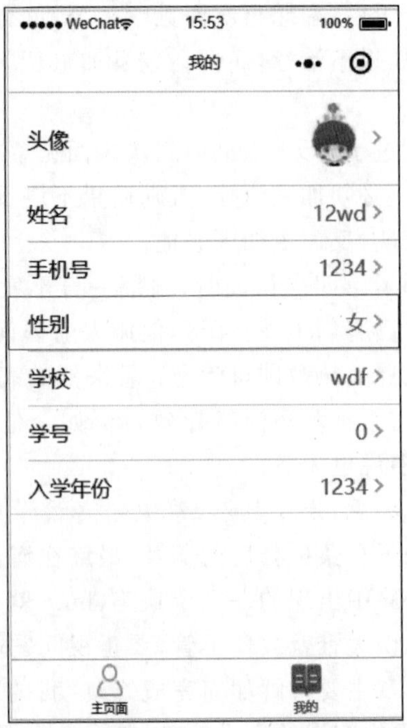　　图 4-2　"我的"页面"性别"信息正常显示

4.1.2 增加页面跳转

既然要完成修改"我的"页面的功能,就需要在"我的"页面增加一个页面跳转功能,在单击需要修改的信息时,可以进入修改"我的"信息页面。其中"我的"页面的样式选择的是带说明、跳转的列项表,因此用到了 navigator 组件。navigator 跳转分为两种状态:一种是关闭当前页面;另一种是不关闭当前页面。其主要属性如表 4-1 所示。

表 4-1 navigator 组件主要属性

属 性	类型	默认值	说 明
url	string		应用内的跳转链接
open-type	string	navigator	跳转方式
hover-class	string	navigator-hover	指定单击时的样式类,当 hover-class="none"时,单击效果

其中,open-type 的合法值见表 4-2。

表 4-2 open-type 的合法值

值	说 明
navigate	对应 wx.navigateTo 或 wx.navigateToMiniProgram 的功能
redirect	对应 wx.redirectTo 的功能
switchTab	对应 wx.switchTab 的功能
reLaunch	对应 wx.reLaunch 的功能
navigateBack	对应 wx.navigateBack 的功能
exit	退出小程序,target="miniProgram"时生效

因此要完成页面跳转,只需要给 navigator 组件的 url 属性添加跳转超链接,使得单击需要修改的信息时,跳转至 change 页面。以"姓名"为例,代码如下:

```
<navigator url="./change?changeWhat=name" class="weui-cell weui-cell_access" hover-class="weui-cell_active">
<view class="weui-cell__bd">姓名</view>
<view class="weui-cell__ft weui-cell__ft_in-access">{{userinfo.name}}</view>
</navigator>
```

其中,跳转路径中带了 changeWhat 参数,且 changeWhat=name,实现带参跳转,以便后续识别修改的是什么信息。另外,手机号、性别、学校、学号和入学年份的跳转路径中的 changeWhat 参数的值分别为 tel、sex、school、num 和 enter_year。

除此之外,还有一个头像信息要修改,豆豆云助教中暂时不支持修改头像的功能,因此头像的 navigator 组件中的 url 属性就不需要了,另外给它添加一个 bindtap()的事件处理函数,使得单击头像时,提示"头像暂不支持修改",但是发现删除 url 属性之后,单击头像时会报错,如图 4-3 所示。这是由于 navigator 组件中 open-type 属性默认值为 navigate,对应的是 wx.navigateTo 的功能,使用 navigateTo 时需要有 url 属性。

因此将 navigator 组件改为 view 组件,具体代码如下:

图 4-3 navigator 组件报错

myinfo.wxml 文件：

```
<view class = "weui-cell weui-cell_access" hover-class = "weui-cell_active" bindtap = "choseImage">
  <view class = "weui-cell__bd">头像</view>
  <view class = "weui-cell__ft weui-cell__ft_in-access">
    <image class = "head_img" src = "{{userinfo.head_img?userinfo.head_img:'/images/default_head_circle.png'}}">
    </image>
  </view>
</view>
```

myinfo.js 文件：

```
choseImage:function(){
  this.openAlert("头像暂不支持修改")
},

openAlert:function(e){
  wx.showToast({
    title: e,
    icon:"none",
    duration:2000
  })
},
```

其中，myinfo.js 文件涉及两个知识点，分别是 wx.showToast()和方法调用。

1. wx.showToast()

wx.showToast()与 wx.showModal()一样是界面交互中的一种消息提示框，其属性详见表 4-3。

表 4-3 wx.showToast()属性

属性	类型	默认值	是否必填	说明
title	string		是	提示内容
icon	string	'success'	否	图标
image	string		否	自定义图标的本地路径，image 的优先级高于 icon

续表

属性	类型	默认值	是否必填	说明
duration	number	1500	否	提示的延迟时间
mask	boolean	false	否	是否显示透明蒙层,防止触摸穿透
success	function		否	接口调用成功的回调函数
fail	function		否	接口调用失败的回调函数
complete	function		否	接口调用结束的回调函数(无论调用成功还是失败都会执行)

其中,icon 的合法值详见表 4-4。

表 4-4 icon 的合法值

值	说明
success	显示成功图标,此时 title 文本最多显示 7 个汉字长度
loading	显示加载图标,此时 title 文本最多显示 7 个汉字长度
none	不显示图标,此时 title 文本最多可显示两行,1.9.0 及以上版本支持

当 icon 取值不同时,消息提示框提示显示图标不同,开发者可以根据自己的需求选择不同的 icon 值,如图 4-4 所示。

(a) icon 值为 none

(b) icon 值为 success

(c) icon 值为 loading

图 4-4 消息提示框的不同图标

2. 方法调用

在 myinfo.js 文件中 openAlert() 为自定义的一个方法,该方法含有一个参数 e,用于显示消息提示框的标题即 title,且该方法实现的是显示消息提示框的功能。方法定义后,调用该方法时,需要使用"this.方法名"即 this.openAlert 调用 openAlert() 方法,在 myinfo.js

中的事件处理函数 choseImage()中,调用 openAlert()方法,实现单击头像时,触发 choseImage()函数,弹出消息提示框。其中"头像暂不支持修改"为 openAlert()方法中参数 e 的值。

4.2 change 页面实现

change 页面的实现主要包括页面布局与页面逻辑两个方面,本节分别介绍如何完成页面布局与页面逻辑的开发,并讲解涉及的知识点。

4.2.1 change 页面布局

change 页面的布局相对简单,只要一个简单的文本框即可,页面最终效果如图 4-5 所示。

在 WeUI 样式库的表单下的 input 中,会发现找不到完全相同的样式,但是可以找到两个与页面最终效果相似的表单输入,如图 4-6 所示。

图 4-5　change 页面最终效果

图 4-6　WeUI 样式库中相似样式

将这两个表单输入的样式对应的 wxml 文件代码复制至 doudouyun 项目中,具体代码如下:

```
<view class="weui-cells weui-cells_after-title">
    <view class="weui-cell weui-cell_input">
```

```
        <view class = "weui-cell__bd">
          <input class = "weui-input" placeholder = "请输入文本" />
        </view>
        <view class = "weui-cell__ft">
          <view class = "weui-vcode-btn">保存</view>
        </view>
      </view>
    </view>
```

4.2.2　change 页面逻辑

为了用户的使用友好性,需要对 change 页面的输入框的 placeholder 与导航栏标题文字进行处理,使得用户进入修改页面时,可以从 placeholder 与导航栏(title)标题中了解自己需要修改的是什么信息。另外,在输入框中显示用户原本的信息,以便用户在修改信息时可以看到原有信息,在原有信息基础上进行修改,具体效果如图 4-7 所示。

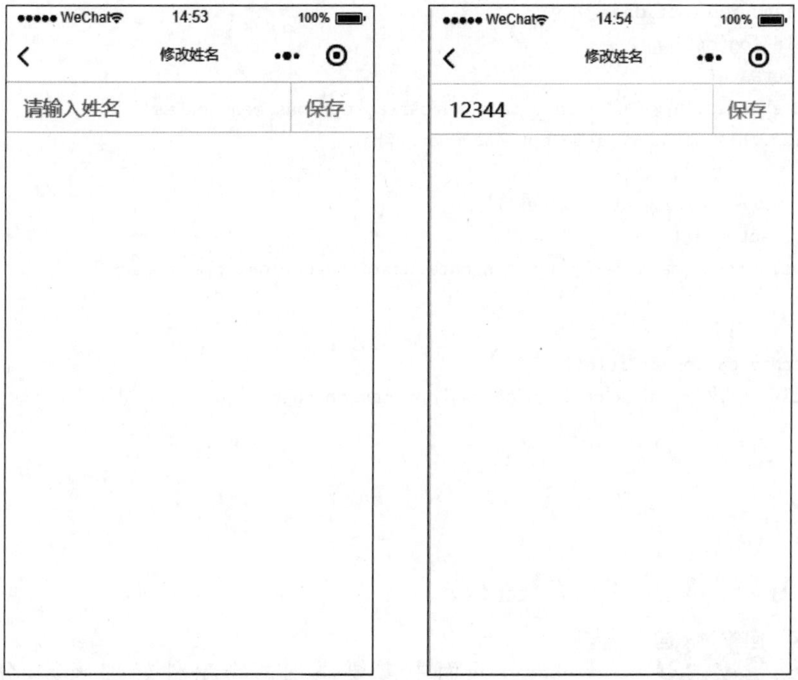

图 4-7　change 页面的 placeholder 与 title

这里主要是对 change 页面的参数进行处理,实现 placeholder 与 title 值的显示。首先对 change.wxml 文件中 input 组件的 placeholder 属性值进行修改,将原来的"请输入文本"改为变量{{placeholder}},并增加 value 属性,且 value="{{value}}",并在 change.js 文件的 data 数组中添加变量 placeholder 和 value,初始值为空,然后给变量 placeholder 和 value 赋值。

另外,由于页面参数中 changeWhat 的值均为英文,而在页面上需要显示为中文才更合乎情景,因此需要在 data 数组中增加一个 infoArray 数组,实现中英转换。由于性别信息的特殊性,需要增加一个 sexArray 数组,具体代码如下:

```
data: {
  placeholder:'',
  value:'',
  userinfo: wx.getStorageSync('userInfo'),
  infoArray:{
     name:"姓名",
     tel:"手机号",
     sex:"性别",
     school:"学校",
     num:"学号",
     enter_year:"入学年份"
  },
  sexArray: ['保密', '男', '女'],
},

onLoad:function (options) {
  console.log(options)
  this.setData({
     placeholder:'请输入' + this.data.infoArray[options.changeWhat],
     value:this.data.userinfo[options.changeWhat]
  })
  if (options.changeWhat == 'sex'){
     this.setData({
        value:this.data.sexArray[this.data.userinfo[options.changeWhat]]
     })
  }
  wx.setNavigationBarTitle({
     title:'修改' + this.data.infoArray[options.changeWhat]
  })

},
```

4.2.3 添加事件处理函数

change 页面中需要添加两个事件处理函数,分别添加在 input 组件和"保存"所在的 view 组件中,如图 4-8 所示。

1. valuechange()函数

valuechange()函数的主要作用是保存用户修改后的信息,因此需要在 data 数组中添加一个临时变量 tmp,初始值为空,用于存储修改后的信息,具体代码如下:

```
valuechange: function (res) {
  this.setData({
```

图 4-8　change.wxml 中添加 bindchange 与 bindtap

```
      tmp: res.detail.value
    })
  },
```

2. submit()函数

submit()函数的主要作用是向后台提交修改后的信息，并更新数据库，因此这里需要使用 wx.request()向后台发起请求，需要向后台发送的数据有 openid、change 和 value，其中 change 的值为需要修改的信息名，即 changeWhat，由于该请求并不在生命周期函数中，因此不能通过 options.changeWhat 获取页面参数，那么需要在 data 数组中添加一个 changeWhat 的变量，初始值为空，并在 onLoad()函数中为 changeWhat 赋值，如图 4-9 所示。

图 4-9　为 changeWhat 变量赋值

submit()函数的代码具体如下：

```
submit:function(res){
  if (this.data.tmp == '') {
    wx.showToast({
      title:this.data.titleArray[this.data.changeWhat] + '不能为空',
      icon:'none'
    })
    return
  }
  if(this.data.changeWhat == 'sex'){
    if (this.data.tmp == '男') {
      this.data.tmp = 1
    }else if (this.data.tmp == '女') {
      this.data.tmp = 2
    }else {
      this.data.tmp = 0
    }
  }

  if(this.data.tmp == this.data.userInfo[this.data.changeWhat]){
    wx.navigateBack()
  }
  wx.request({
    url: userUrl + 'updateInfo',
    data:{
      openid: wx.getStorageSync('jiaoxue_OPENID'),
      change:this.data.changeWhat,
      value:this.data.tmp
    },
    success: res =>{
      console.log('update',res)
      if (res.data.success) {
        this.data.userInfo[this.data.changeWhat] = this.data.tmp
        wx.setStorageSync('userInfo', this.data.userInfo)
        wx.navigateBack()
      }else {
        wx.showToast({
          title:'修改失败',
          icon:'none'
        })
        wx.navigateBack()
      }

    },
    fail: res => {

    }
  })
},
```

上述代码中增加了几个 if 语句进行判断,当 tmp 为空时,提示"信息不能为空",并且通过 return 回到该 if 语句进行判断,直到 tmp 的值不为空时,才结束该判断,继续执行下面的逻辑。另外,当修改性别信息时,需要将 tmp 重新赋值,tmp 为"男"时,赋值为 1;tmp 为"女"时,赋值为 2;tmp 为"保密"时,赋值为 0。还有就是当 tmp 的值与原有信息的值相等时,直接使用 wx.navigateBack()回到"我的"页面,这样可以减少后台请求次数,当 tmp 的值与原有信息的值不相等时,使用 wx.request()向后台请求更新用户信息,修改数据库中存储的用户信息。若请求成功,则使用 wx.setStorageSync('userInfo')更新本地缓存,并返回"我的"页面;若请求失败,则提示"修改失败"并返回"我的"页面。

修改信息后回到"我的"页面会发现,"我的"页面中对应的信息还没修改成功,但是 Storage 面板中的信息已经完成修改,如图 4-10 所示。

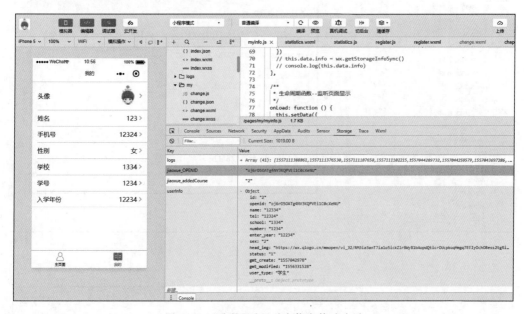

图 4-10 "我的"页面对应信息修改失败

这是由于 myinfo.js 中,userInfo 变量是在 onLoad()函数中赋值的,而 onLoad()函数只有在重新编译或者关闭该页面后重新打开时,才会执行。而前往修改页面时,使用的 navigator 组件跳转与 wx.navigateTo()相同,并不会关闭"我的"页面,因此使用 wx.navigateBack()回到"我的"页面时,onLoad()函数不会再次执行,userInfo 的值并没有更新。解决方法就是在 onShow()函数中对 userInfo 赋值,因为 onShow()函数的作用是监听页面显示,会在页面每次显示时执行。具体代码如下:

```
//myinfo.js 文件中的 onShow()函数
onShow:function(){
  this.setData({
    userInfo: wx.getStorageSync('userInfo')
  })
}
```

4.3 配置文件的使用

对于所有的 wx.request() 请求，url 的网址都有很多共同之处，所以对共同之处进行宏定义，这样后面维护起来方便修改与迁移。具体做法如下。

新建 config.js，用作配置文件，如图 4-11 所示。

在需要时调用 config.js 文件中相应的数据，这里只举一例，其他与此类似，如图 4-12 所示。

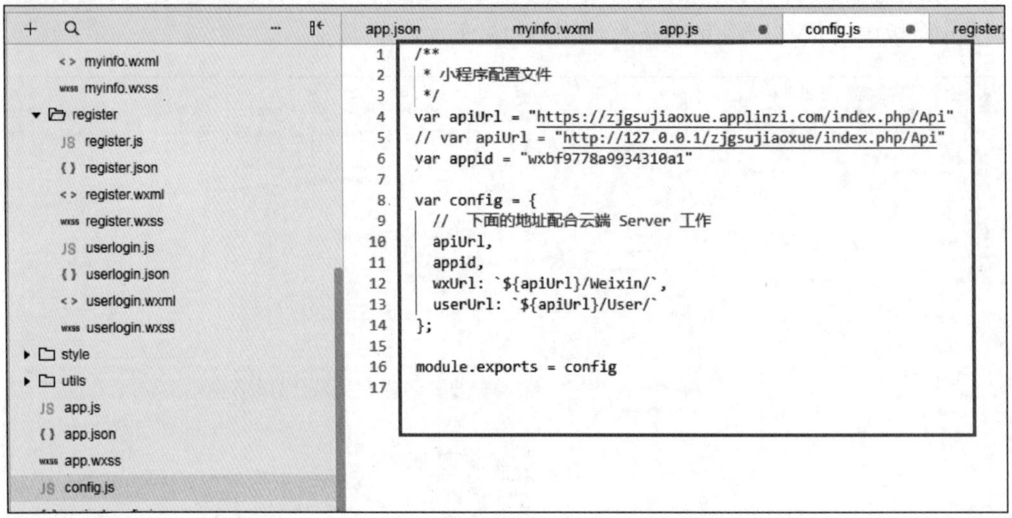

图 4-11 config.js 配置文件

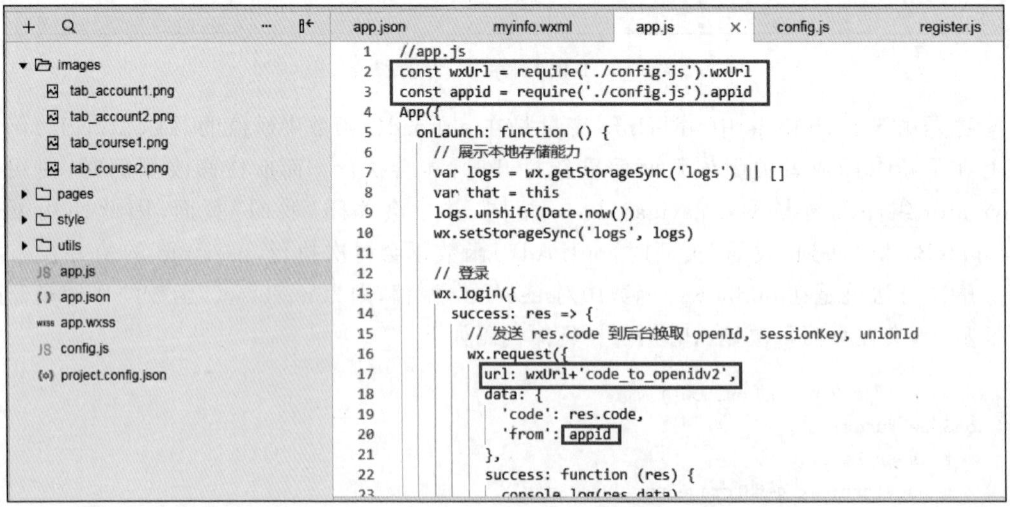

图 4-12 配置文件中相应数据的调用

4.4 作业思考

一、讨论题

1. 在 js 文件中如何在一个方法中调用另一个方法?
2. 在 js 文件中使用什么修改导航栏的标题?
3. 讨论 data 数组中变量 tmp 的作用。
4. 为什么可以使用 wx.navigateBack() 从 change 页面回到 myinfo 页面?
5. 为什么性别修改需要另外单独判断?
6. 引用配置文件中的变量,除了使用 const 外,还有什么方法?

二、单选题

1. 已知 test.png 图片的尺寸是宽 300px、高 150px。

在 wxml 页面代码中:

`<image src = '/image/test.png' mode = 'widthFix'></image>`

且在 wxss 中:

```
image{
    width: 150px;
}
```

那么最终显示的图片尺寸是(   )。

  A. 宽 150px、高 75px(宽、高均被更改)
  B. 宽 300px、高 150px(原图尺寸)
  C. 宽 150px、高 150px(宽被更改)
  D. 宽 300px、高 225px(小程序官方默认图片尺寸)

2. 小程序对于服务器返回值使用的是(   )编码方式。

  A. GB 2312 B. GBK C. UTF-8 D. Unicode

3. 小程序网络 API 在发起网络请求时使用(   )格式的文本进行数据交换。

  A. XML B. JSON C. TXT D. PHP

4. 已知:

```
var test = {
    x1 : [1, 2, 3, 4, 5],
    x2 : 'hello',
    x3 : {
        y1: false,
        y2: null,
    }
}
```

以下(   )可以在 Console 控制台输出 y1 的值。

  A. console.log(test.x3.y1) B. console.log(test[0].x3.y1)

  C. console.log(x3.y1)   D. console.log(y1)

5. 微信小程序从用户所注册的微信中获取"性别"信息，以下（　　）说法是正确的。

  A. 只能获取一段数组，1对应"保密"，2对应"男"，3对应"女"

  B. 只能获取一段数组，0对应"保密"，1对应"男"，2对应"女"

  C. 无返回值

  D. 可以直接获取注册的"性别"信息

6. 以下关于wx.showToast()的属性，说法错误的是（　　）。

  A. mask 显示或关闭透明蒙层，防止触摸穿透

  B. success 接口用于调用成功的回调函数

  C. duration 用于提示延迟时间

  D. loading 用于调用加载的回调函数

7. 已知：

```
choseImage:function(){
    this.openAlert()
},
openAlert:function(){
    wx.showToast({
        title:'头像暂不支持修改',
        icon:'none'
    })
}
```

在上述代码的基础上，调用choseImage()方法时产生（　　）效果。

  A. 出现"头像暂不支持修改"的信息提示框

  B. 出现none这个图片

  C. 出现空白的信息提示框

  D. 无法跳出提示框

8. 以下调用宏定义的方法中（　　）是正确的。

  A. const userUrl = require('../../config.js').userUrl

  B. userUrl = require('../../config.js').userUrl

  C. const userUrl = ('../../config.js').userUrl

  D. const userUrl = require('../../config.js')

9. 以下关于本实验中view组件的placeholder的作用，正确的是（　　）。

  A. 文本框中的提示信息   B. 图片中的提示信息

  C. 缓存中的保留至   D. 文本框中的上一次输入的数据

10. 关于navigator组件的属性，以下说法错误的是（　　）。

  A. url 实现应用内的跳转链接

  B. open-type 用来指定跳转方式

  C. hover-class 用来指定单击时的样式类

  D. navigateBack 用来指定跳转返回方式

第5章

豆豆云助教课程模块开发

> 对自己的不满足,是任何真正有天才的人的根本特征之一。
> ——契诃夫

李嘉诚的一生就是永不满足的一生。13岁的李嘉诚辍学就业,一开始在玩具制造公司当推销员,由于工作出色,不到20岁便担任了这家公司的总经理。但是他并没有满足于现状,两年后,他用自己的积蓄以及筹来的7000美元创办了自己的塑胶厂,就是后来的"长江塑胶厂"。

经营有道加上市场需求大,李嘉诚成了"塑胶花大王","长江塑胶厂"也成为世界上最大的塑料花生产厂。然而他依旧不满足,由于眼光独到,不久后开始涉足房地产,在1979年斥资6.2亿元,从汇丰集团购入22.4%的股权。他在1986年又大举进军加拿大,购入赫斯基能源公司超过半数的权益。经过40多年的打拼,李嘉诚的业务经营已经向全球发展,他也成为中国商业界的传奇。

课程内容即将过半,希望大家能向李嘉诚学习,学习他那种永不满足现状的精神,戒骄戒躁,继续努力,向更高的目标进发。

本章主要完成课程模块的开发。在之前的tabBar中除了"我的"外,还有一栏是"主页面",这就是本章开发的课程模块,主页面主要包括课程信息和课程练习两个模块。另外,本章案例照搬了一些豆豆云的后台,因此出现"课程"的概念,但对用户来说是没有"加入课程"这个过程的。简单来说,我们做的小程序,就相当于把豆豆云中的一个课程做成独立的一个小程序。

5.1 申请课程号

由于照搬了豆豆云的后台,涉及"加入课程"的概念,开发者需要向后台申请一个课程,得到课程号,申请链接如下:

http://zjgsujiaoxue.applinzi.com/index.php/Api/User/createCourse?appid=123&courseName=1028教学&questionSet=1012&creater=工商大佬

其中,appid 代表开发者小程序的 AppID,courseName 代表要创建的课程的名称,开发者可自定义,questionSet 代表预设的题目集(后续无法更改),creater 代表创建者。

例如,小程序的 AppID 是 123,创建的课程名称是"一起来学近代史",对应的题库是表 5-1 中的 1001,即 questionSet 是 1001,创建者是"工商大佬",那么开发者需要访问以下链接进行课程号的申请：

http://zjgsujiaoxue.applinzi.com/index.php/Api/User/createCourse?appid=123&courseName=一起来学近代史&questionSet=1001&creater=工商大佬

其中,对于 questionSet 的题目集,后台提供了 8 个题目集供开发者选择,具体详见表 5-1。

表 5-1 题目集信息

题目集 ID	题目集名称	题目数量
1001	近代史题库	1287
1002	浙江工商大学新生入学考试题库	1276
1003	计算机网络题库	219
1008	C 语言二级模拟考试题库	120
1009	毛泽东思想概论题库	1766
1010	C 语言训练题	1395
1011	马克思主义基本原理概论	2059
1012	思想道德修养与法律基础	1561

注意：题目集 ID 为 1004、1005、1006、1007 的题库已作废。

选择好需要申请的课程后,访问对应的课程申请链接,网页中会即刻返回课程号,如图 5-1 所示。

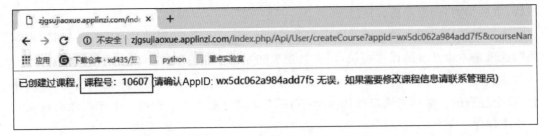

图 5-1 访问链接获取课程号

此时申请课程号所用的小程序 AppID 与该课程号已经绑定了,课程号可保存下来。所有访问该小程序的用户默认加入该课程。另外在 config.js 文件中加入变量 courseId,以便在后面代码中的引用,如图 5-2 所示。

```
config.js
 1  /**
 2   * 小程序配置文件
 3   */
 4  var apiUrl = "https://zjgsujiaoxue.applinzi.com/index.php/Api"
 5  var appid = "wx5dc062a984add7f5"
 6
 7  var config = {
 8      // 下面的地址配合云端 Server 工作
 9      apiUrl,
10      appid,
11      wxUrl: `${apiUrl}/Weixin/`,
12      userUrl: `${apiUrl}/User/`,
13      courseId: 10607
14  };
15
16  module.exports = config
```

图 5-2　在 config.js 中加入变量 courseId

5.2　课程模块页面布局

本节所讲的课程模块的页面布局是豆豆云助教的简化版本，豆豆云助教首页如图 5-3 所示。本案例主页面主要包括课程信息和课程练习模块，如图 5-4 所示。相较于豆豆云助教的主页面，本案例不涉及切换课程，没有教师端，所以不需要在线签到与加入课程模块。

图 5-3　豆豆云助教首页

图 5-4　案例主页面

5.2.1 课程信息模块页面布局

课程信息模块主要包括课程名称、课程创建者、加入课程的人数以及课程号,如图 5-4 所示,本案例课程名称为"C 游记",对应的是 C 语言题库。对于课程信息模块的页面布局,同样可以参考 WeUI 样式中表单→List→带图标、说明的列表项,如图 5-5 所示。

图 5-5 带图标、说明的列表项

找到对应的 WeUI 样式后,将该样式的对应代码复制、粘贴到自己的项目代码中。带图标、说明的列表项具体代码如下:

```
<view class = "weui-cells weui-cells_after-title">
  <view class = "weui-cell">
    <view class = "weui-cell__hd">
      <image src = "{{icon}}" style = "margin-right: 5px;vertical-align: middle;width: 20px; height: 20px;"></image>
    </view>
    <view class = "weui-cell__bd">标题文字</view>
    <view class = "weui-cell__ft">说明文字</view>
</view>
```

其中,image 组件中 src 属性对应的图片资源地址改为课程对应的图片,注意应将课程图片放置在 images 文件夹下,图片资源地址为课程图片的绝对地址。例如,本案例图片存放在

images 文件夹下，图片名称为 course_head.png，那么图片资源路径为/images/course_head.png。另外，由于图片太小，需要调整 style 中 width 和 height 的值至 80px。

课程信息模块的课程名称、创建者、加入人数以及课程号等信息用标题文字的样式即可，无须使用说明文字样式。另外，通过字体大小与字体颜色不同来使得课程名称更加吸引用户注意。课程信息模块布局如图 5-6 所示。

图 5-6　课程信息模块布局

其中，课程信息模块 wxml 代码如下：

```
<view class="weui-cells weui-cells_after-title">
  <view class="weui-cell">
    <view class="weui-cell__hd">
      <image src="/images/course_head.png" style="margin-right:15px;vertical-align:middle;width:80px;height:80px;"></image>
    </view>
    <view class="weui-cell__bd">
      <view style='font-size:20px'>课程名称</view>
      <view style='font-size:13px;color:#888888'>创建者：</view>
      <view style='font-size:13px;color:#888888'>加入人数：</view>
      <view style='font-size:13px;color:#888888'>课程号：</view>
    </view>
  </view>
</view>
```

在上述代码中涉及一些新的知识点，本节对代码中涉及的知识点进行简单讲解。

1. class 和 style 的区别

< view class = "weui‐cell__hd" style = "position: relative;margin‐right: 10px;">

在 wxml 代码中经常会发现一个 view 属性中既有 class="weui-cell__hd"，又有 style="position：relative；margin-right：10px；"。虽然两者都可以实现对页面的修改，但还是存在区别的。

比如在 myinfo 页面添加一个 button 做测试，该 button 的 wxml 代码如下：

< button class = "test" style = "color:blue">开始测试</button>

另外，在 myinfo.wxss 中添加 test 样式，test 样式中主要是跟 style 中一样定义了字体颜色，该样式代码如下：

```
.test{
  color:red;
}
```

该 button 在 style 中 color 属性值为蓝色，class 调用的 test 样式中 color 属性值为红色，无论如何修改 test 样式中 color 属性的值，按钮字体颜色都是蓝色，如图 5-7 所示。在 wxml 中前端读取数据都是通过就近原则，所以 style 是直接在页面语句中进行编写，在程序执行时，style＞class。

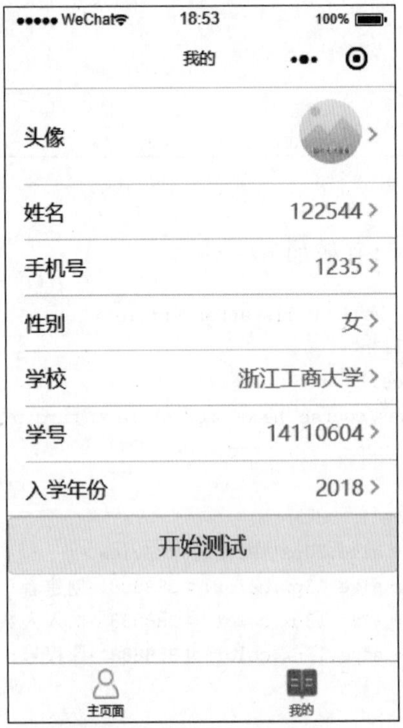

图 5-7　测试 button 的字体颜色

2. position 属性

position 属性规定元素的定位类型。这个属性定义建立元素布局所用的定位机制。任何元素都可以定位,不过绝对定位元素或固定元素会生成一个块级框,而不论该元素本身是什么类型。相对定位元素会相对于它在正常流中的默认位置偏移。其中 position 属性的值详见表 5-2。

表 5-2 position 属性的值

值	描 述
absolute	生成绝对定位的元素,相对于 static 定位以外的第一个父元素进行定位。元素的位置通过 left、top、right 以及 bottom 属性进行规定
fixed	生成绝对定位的元素,相对于浏览器窗口进行定位。元素的位置通过 left、top、right 以及 bottom 属性进行规定
relative	生成相对定位的元素,相对于其正常位置进行定位。因此,"left:20"会向元素的 left 位置添加 20 像素
static	默认值。没有定位,元素出现在正常的流中(忽略 top、bottom、left、right 或者 z-index 声明)
inherit	规定应该从父元素继承 position 属性的值

3. margin-right 属性

margin-right 属性设置元素的右外边距,允许使用负值。margin-right 属性的值详见表 5-3。

表 5-3 margin-right 属性的值

值	描 述	值	描 述
auto	浏览器设置的右外边距	%	定义基于父对象总高度的百分比右外边距
length	定义固定的右外边距。默认值是 0	inherit	规定应该从父元素继承右外边距

修改课程练习模块 image 属性中 margin-right 的值为 10px 和 100px,页面效果如图 5-8 和图 5-9 所示。

4. display 属性

display 属性规定元素应该生成的框的类型。这个属性用于定义建立布局时元素生成的显示框类型。对于 HTML 等文档类型,如果使用 display 不慎则会很危险,因为可能违反 HTML 中已经定义的显示层次结构。对于 XML,由于 XML 没有内置的这种层次结构,所有 display 都是绝对必要的。display 属性的值详见表 5-4。

表 5-4 display 属性的值

值	描 述
none	此元素不会显示
block	此元素将显示为块级元素,此元素前后会带有换行符
inline	默认。此元素会被显示为内联元素,元素前后没有换行符

续表

值	描　　述
inline-block	行内块元素,CSS2.1新增的值
list-item	此元素会作为列表显示
run-in	此元素会根据上下文作为块级元素或内联元素显示
table	此元素会作为块级表格来显示(类似 < table >),表格前后带有换行符
inline-table	此元素会作为内联表格来显示(类似 < table >),表格前后没有换行符
table-row-group	此元素会作为一个或多个行的分组来显示(类似 < tbody >)
table-header-group	此元素会作为一个或多个行的分组来显示(类似 < thead >)
table-footer-group	此元素会作为一个或多个行的分组来显示(类似 < tfoot >)
table-row	此元素会作为一个表格行显示(类似 < tr >)
table-column-group	此元素会作为一个或多个列的分组来显示(类似 < colgroup >)
table-column	此元素会作为一个单元格列显示(类似 < col >)
table-cell	此元素会作为一个表格单元格显示(类似 < td > 和 < th >)
table-caption	此元素会作为一个表格标题显示(类似 < caption >)
inherit	规定应该从父元素继承 display 属性的值

图 5-8　margin-right 的值为 10px 的页面效果

图 5-9　margin-right 的值为 100px 的页面效果

5.2.2 课程练习模块页面布局

课程练习模块主要包括顺序练习、随机练习、章节练习、专项练习、收藏以及答错,相对于前面使用 WeUI 样式布局,课程练习模块要教的是如何使用现有的开源代码,经过修改后开发出自己的小程序,这可以大大减轻开发者的工作量。

其中,课程练习模块的布局主要参考了 GitHub 上一个驾校考题的小程序前端代码,该项目下载地址为 https://github.com/HuBinAdd/calculate-swiperList。下载驾校考题源代码后,导入项目,可以看到该小程序的首页如图 5-10 所示。

找到驾校考题首页对应的 index 页面,将驾校考题中对应的练习模块前端代码复制到自己的项目中,其中只保留专项练习与章节练习,随机练习与顺序练习就不需要了,编译后发现页面效果并不能正常显示,如图 5-11 所示。这是因为代码中涉及的样式不是 WeUI 样式,而是驾校考题小程序开发者自己写的样式,因此需要将 index.wxss 中的样式复制到自己项目的 index.wxss 中,但是发现课程练习模块还是有点问题,如图 5-12 所示。

图 5-10 驾校考题小程序首页

图 5-11 课程练习模块页面异常显示

导致课程练习模块显示与驾校考题主页面不一致的原因是该部分代码中涉及的样式 col-hg-6 和 col-hg-3 在 index.wxss 中没有,在驾校考题源代码中,该样式写在 app.wxss 中,将对应的 col-hg-6 和 col-hg-3 样式复制到 index.wxss 文件中,具体样式代码如下:

```
.col-hg-6 {
```

图 5-12　课程练习模块样式不全

```
  float: left;
  box-sizing: border-box;
  width: 50%;
}
.col-hg-3 {
  float: left;
  box-sizing: border-box;
  width: 25%;
}
```

其中涉及了 float、box-sizing 和 width 三种属性。

1. float 属性

float 属性定义元素在哪个方向浮动。任何元素都可以浮动。浮动元素会生成一个块级框，而不论它本身是何种元素。如果浮动非替换元素，则要指定一个明确的宽度；否则，它们会尽可能地窄。其中 float 属性的值详见表 5-5。

表 5-5　float 属性的值

值	描述
left	元素向左浮动
right	元素向右浮动
none	默认值。元素不浮动，并会显示其在文本中出现的位置
inherit	规定应该从父元素继承 float 属性的值

2. box-sizing 属性

box-sizing 属性允许以特定的方式定义匹配某个区域的特定元素。例如,假如需要并排放置两个带边框的框,可通过将 box-sizing 设置为"border-box"。这可令页面呈现出带有指定宽度和高度的框,并把边框和内边距放入框中。其中 box-sizing 属性的值详见表 5-6。

表 5-6 box-sizing 属性的值

值	描述
content-box	宽度和高度分别应用到元素的内容框。在宽度和高度之外绘制元素的内边距和边框
border-box	为元素设定的宽度和高度决定了元素的边框。也就是说,为元素指定的任何内边距和边框都将在已设定的宽度和高度内进行绘制。通过从已设定的宽度和高度分别减去边框和内边距才能得到内容的宽度和高度
inherit	规定应从父元素继承 box-sizing 属性的值

3. width 属性

width 属性设置元素的宽度。这个属性定义元素内容区的宽度,在内容区外面可以增加内边距、边框和外边距;行内非替换元素会忽略这个属性。其中 width 属性的值详见表 5-7。

表 5-7 width 属性的值

值	描述
auto	默认值。浏览器可计算出实际的宽度
length	使用 px、cm 等单位定义宽度
%	定义基于包含块(父元素)宽度的百分比宽度
inherit	规定应该从父元素继承 width 属性的值

添加 col-hg-6 和 col-hg-3 样式后,通过编译后发现专项练习与章节练习的布局只占了页面宽度的一半,使得课程练习模块布局不是很美观,如图 5-13 所示。这是由于专项练习和章节练习使用的是 col-hg-3 样式,该样式的 width 属性只有 25%,两个元素共 50%,因此只占了页面宽度的一半。要让专项练习和章节练习撑满整个页面,就要将 col-hg-3 改为 col-hg-6。课程练习模块最终页面布局如图 5-14 所示。

另外,将模拟考试元素中文字"模拟考试"改为"顺序练习","最高成绩:分"改为"做题数:题"。最终课程练习模块 wxml 代码为:

```
<view class = "index - exam - h1">
    课程练习
</view>
<view class = "index - exam - inlets row">
    <view bindtap = "tapInletsMk" data - urlParem = '{{item.subject}}' class = "index - exam - inlets - mk col - hg - 6">
        <view>顺序练习</view>
        <view class = "small">做题数:题</view>
```

图 5-13 专项练习与章节练习布局异常　　　　图 5-14 课程练习模块页面最终布局

```
    </view>
    <view bindtap = "tapInletsSC" class = "index - exam - inlets - sc col - hg - 6" data - urlParem =
"{{item.subject}}" data - collection = "{{item.collection}}">
        <view>收藏</view>
        <view>()</view>
    </view>
    <view bindtap = "tapInletsCT" class = "index - exam - inlets - ct col - hg - 6" data - urlParem =
"{{item.subject}}" data - answerError = "{{item.answerError}}">
        <view>答错</view>
        <view>()</view>
    </view>
    <view class = "row" style = "clear: both;">
        <navigator url = "../../pages/answer_classify/classify?subject = {{item.subject}}&type =
zxlx" class = "index - exam - inlets - list col - hg - 6">
            <view class = "icon - index - zx"></view>
            <view class = "text">专项练习</view>
        </navigator>
        <navigator url = "../../pages/answer_chapter/chapter?subject = {{item.subject}}&type =
zjlx" class = "index - exam - inlets - list col - hg - 6">
            <view class = "icon - index - zj"></view>
            <view class = "text">章节练习</view>
        </navigator>
    </view>
</view>
```

5.3 课程模块页面逻辑实现

与课程模块页面相关的逻辑主要包括请求加入课程与获取当前课程信息两个逻辑，由于照搬豆豆云助教的后台，所以会涉及请求加入课程的逻辑，并且需要添加获取课程信息的逻辑，用于课程信息模块，显示用户所加入课程对应的课程信息。

5.3.1 请求加入课程逻辑

在 5.1 节中成功申请课程号后，每个开发者都创建了一个自己的课程，本节主要内容就是如何让用户加入开发者创建的课程中。请求加入课程主要是用户在第一次进入小程序即发生的请求，为减少请求次数，将该逻辑写在 app.js 中，用户第一次使用时通过 getAddedCourse 接口向后台发送请求以确认该用户是否已加入课程。若用户已加入该课程，则返回该用户已加入的课程号，当 success 为 false 时表示未加入，执行加入课程逻辑。具体代码如下：

```
wx.request({
    url: userUrl + 'getAddedCourse',
    data: {
        'openid': wx.getStorageSync('jiaoxue_OPENID'),
    },
    success:function(res) {
        if (!res.data.success) {
            wx.request({
                url: userUrl + 'addCourse',
                data: {
                    openid: wx.getStorageSync('jiaoxue_OPENID'),
                    courseId: courseId
                },
                success:function(res) {
                    if (res.success) {
                        wx.setStorageSync('jiaoxue_courseList', courseId)
                    }
                },
                fail:function(res) {
                }
            })
        }else {
            wx.setStorageSync('jiaoxue_addedCourse', res.data.msg)
        }
    }
})
```

5.3.2 获取当前课程逻辑

成功加入课程后,用户首页需要显示所加入课程的信息。获取当前课程主要通过 current 接口向后台发送请求,获取课程信息后显示在前端,其中 index.js 中的代码如下:

```
//index.js
//获取应用实例
const app = getApp()
const userUrl = require('../../config.js').userUrl
const courseId = require('../../config.js').courseId
Page({
  data: {
    current_course:{},
    },
  onLoad:function () {
    this.getCurrentCourse(courseId)
  },
  getCurrentCourse(course_id = ''){
    wx.request({
      url:userUrl + 'current',
      data:{
        current_course_id: course_id,
        openid: wx.getStorageSync('jiaoxue_OPENID'),
      },
      success: res =>{
        console.log('res1',res)
        this.setData({
          current_course: res.data.data
        })
      }
    })
  }
})
```

index.js 文件中主要在 data 数组中定义了一个 current_course 数组,然后写了一个 getCurrentCourse()函数,函数中主要实现了请求名为 current 的 API 请求,向后台发送 current_course_id 和 openid 的值,请求成功后,将 res.data.data 赋值给 current_course,使用 console.log('res1',res)打印 res 的值,即可在 Console 面板中看到后台返回的课程信息,如图 5-15 所示。

获取课程信息后,需要将课程信息显示在首页中,因此还需要对 index.wxml 中课程信息模块的代码进行简单修改,其中将"课程名称"改为变量{{current_course['name']?current_course['name']:"未知"}},并在"创建者:""加入人数:"和"课程号:"后面分别加上变量{{current_course['teacher']['name']? current_course['teacher']['name']:"未

第5章 豆豆云助教课程模块开发

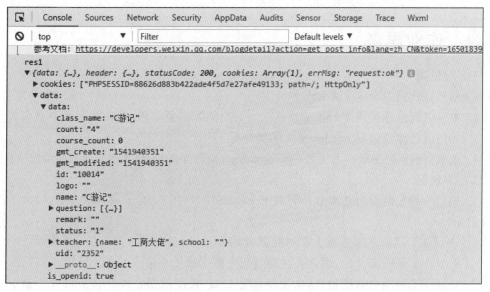

图 5-15 返回的课程信息

知"}}、{{current_course['count']？current_course['count']:"未知"}}和{{current_course['id']？current_course['id']:"未知"}}。变量通过三目运算进行判断，当获取到当前课程信息时显示对应的课程信息，如图5-16所示，否则显示未知，如图5-17所示。

图 5-16 课程信息正常显示页面

图 5-17 课程信息未知页面

5.4 作业思考

一、讨论题

1. 如何在代码中宏定义课程号?
2. 关于课程信息模块中 image 组件的 style 样式,如果使用 wxss 文件要怎么实现?
3. 如何灵活地使用与 border 相关的属性?
4. 获取当前课程逻辑中不使用 getCurrentCourse() 方法,如何实现获取当前课程信息?

二、单选题

1. 微信小程序向后台请求数据时关于 method:'POST' 和 method:'GET',以下说法错误的是(   )。
   A. GET 用来从服务器上获得数据,而 POST 用来向服务器上传递数据
   B. GET 是不安全的,因为在传输过程中数据被放在请求的 URL 中
   C. GET 传输的数据量大,这主要是受 URL 长度限制;而 POST 可以传输少量的数据,所以上传文件只能使用 GET
   D. 使用 POST 传输的数据,可以通过设置编码的方式正确地转换为中文;而 GET 传输的数据却没有变化

2. 以下关于 CSS position 属性值的说法错误的是(   )。
   A. absolute 生成绝对定位的元素,相对于 static 定位以外的第一个父元素进行定位
   B. fixed 生成绝对定位的元素,相对于浏览器窗口进行定位。元素的位置通过 left、top、right 以及 bottom 属性进行规定
   C. relative 生成相对定位的元素,相对于其正常位置进行定位,因此,"left:20" 会向元素的 left 位置添加 20 像素
   D. static 规定应该从父元素继承 position 属性的值

3. 以下关于 CSS margin-right 的属性值的说法错误的是(   )。
   A. inherit 规定应该从父元素继承左外边距
   B. auto 为浏览器设置的右外边距
   C. length 定义固定的右外边距,默认值是 0
   D. % 定义基于父对象总高度的百分比右外边距

4. 以下关于 display 属性的说法错误的是(   )。
   A. display:inline 为内联元素,只需要必要的宽度,不强制换行
   B. display:block(块元素)是一个元素,占用了全部宽度,在前后都是换行符
   C. display:none 可以隐藏某个元素
   D. display:hidden 可以隐藏某个元素

5. 以下关于 display:none 和 visibility:hidden 的说法正确的是(   )。
   A. visibility:hidden 可以隐藏某个元素,但隐藏的元素仍需占用与未隐藏之前一样的空间

B. display：none 可以隐藏某个元素，且隐藏的元素会占用空间。也就是说，该元素不但被隐藏了，而且该元素依然会在页面布局中存在

C. visibility：hidden 可以隐藏某个元素，且隐藏的元素不会占用任何空间

D. display：none 可以隐藏某个元素，但隐藏的元素仍需占用与未隐藏之前一样的空间

6. 以下关于 class 和 style 的说法正确的是（   ）。

   A. 在 wxml 当中前端读取数据都是通过就近原则，所以 style 是直接在页面语句中进行编写，在程序执行的时候，style＞class

   B. class 对应的样式优先级大于 style

   C. class 对应的样式响应先于 style

   D. class 对应的样式和 style 优先级相同

7. 以下关于 wxss 常用属性的说法错误的是（   ）。

   A. background-color 用于修改背景色

   B. color 用于修改前景色

   C. border：3px solid blue 表示宽度为 3 像素的蓝色实线

   D. border：3px solid blue 表示长度为 3 像素的蓝色实线

8. 以下关于内联样式的说法错误的是（   ）。

   A. 在 wxml 代码中，一个 view 组件可以同时使用两个在 wxss 中定义的样式

   B. style 又称为行内样式，可直接将样式代码写到组件的首标签中

   C. 小程序使用 class 属性指定样式规则，其属性值由一个或多个自定义样式类名组成，多个样式类名之间用空格分隔

   D. 尽量将静态写入 style 中，这样可以加快渲染速度

9. ＜view style＝"color:{{red}}"＞我是红色＜/view＞这段代码中文本的颜色将由（   ）来决定。

   A. 上述组件中的文本颜色将由 js 中的 data 数组中 red 的值来决定

   B. red 改为 blue，上述组件中的文本颜色将会变成蓝色

   C. "我是红色"改为"我是蓝色"，上述组件中的文本颜色将会变成蓝色

   D. 上述组件中的文本颜色将由 js 中的 color 属性来决定

10. 下列关于样式作用范围的说法错误的是（   ）。

   A. wxss 中定义 example 作用于所有拥有 class＝"example"属性的组件

   B. wxss 中定义 view{}作用于所有的 js 组件

   C. wxss 中定义 view::after 在 view 组件后面插入内容

   D. 页面 wxss 中的样式为局部样式，只作用在该页面，并且会覆盖 app.wxss 中相同的选择器

第6章

豆豆云助教课程练习模块开发

智慧不是天公的恩赐,而是经验的结晶。

——阿富汗谚语

刚即位的汉惠帝看到自己的手下曹丞相(曹参)整天邀请别人喝酒聊天,似乎对于辅佐自己治理国家一事毫不上心,汉惠帝感到很着急。

有一天,汉惠帝让朝中担任中大夫的曹窋,也就是曹丞相的儿子,去询问他父亲为什么只知道喝酒作乐,丝毫不关心国家大事。曹窋接受了旨意,回家找机会询问了他的父亲,并规劝了一番。曹丞相听后大发脾气,将他儿子大骂一通说:"你小子懂什么,这些事不是你该说的,赶紧滚回宫去伺候皇上。"

曹窋满心委屈地将父亲的原话告知汉惠帝,汉惠帝更加感到奇怪,为什么曹丞相会发这么大的火呢?

第二天汉惠帝叫他说明自己内心真实的想法。曹丞相大胆询问道:"请陛下想一想,您跟先帝相比,谁更英明神武呢?"汉惠帝说:"自然是先帝,我怎敢与先帝相比?"曹丞相又问:"那您觉得,我和先帝手下的萧何相国相比,谁的德才更出色呢?"惠帝笑笑说:"我觉得应该是萧相国略胜一筹。"

曹丞相接着说道:"既然您的贤能不如先帝,我的德才又比不上萧相国,而先帝和萧相国在统一天下后,陆续制定了许多明确而又完备的法令,执行之后我们也发现效果显著,难道我们这些各方面都不如他们的人还能制定出更好的规章制度来吗?"接着他又诚恳地说道:"多亏历代贤明的君主,现在陛下只需要继承守业,而不是重新创业。因此臣认为,我们现在只需遵循现有的规章办事,而不必从头再来。"汉惠帝听后觉得有理。

曹参任职期间,主张清静无为,遵照萧何制定好的规章治理国家,使得西汉政治稳定,经济发展顺利,百姓安居乐业,史称"萧规曹随"。

在程序编写过程中,"萧规曹随"的现象更是普遍,本章主要实现课程练习模块开发,真正实现在线刷题功能。考虑到自己写课程练习模块可能会产生很多问题,因此直接使用第5章的驾校考题小程序中现成的练习模块,并在其基础上进行简单修改,实现课程练习模块的功能。对于初学者来说，在开发某个模块时，如果全凭自己从头到尾开发，是一件很花时间的事情，而且可能吃力不讨好，会有很多问题或者缺陷。通过本章的学习，可以学会根据自己要开发的功能模块，找到现成的开源代码，并在其基础上进行优化，完成自己功能模块的开发。

6.1 引用驾校考题做题页面

第 5 章参考了驾校考题小程序中模拟考试、专项练习、章节练习、收藏和答错的页面布局，完成了课程练习模块页面开发。驾校考题小程序主要用于学车时练习科目一与科目四。该小程序主要分为科目一与科目四两个部分，每个科目都具有模拟考试、专项练习、章节练习、顺序练习和随机练习的功能，用户可选择自己需要的练习方式刷题。另外还有收藏题目与错题回顾的功能，帮助用户更有针对性地学习。

6.1.1 驾校考题各类练习页面

本节参考驾校考题小程序中专项练习、章节练习和顺序练习的功能，真正实现豆豆云项目中对应的练习功能，其中"专项练习""章节练习"与"练习"页面如图 6-1～图 6-3 所示。

图 6-1 "专项练习"页面　　　　图 6-2 "章节练习"页面

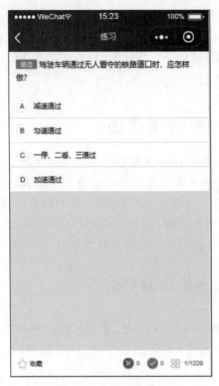

图 6-3 "练习"页面

在驾校考题项目中找到专项练习、章节练习和顺序练习所对应的 answer_classify、answer_chapter 和 answer_info 页面,其中 answer_info.wxml 文件中使用 import 引入了 answer_common 中的 movie-list.wxml 的 template 模板,如图 6-4 所示。

```
info.wxml    ×
 1  <!--index.wxml-->
 2
 3  <import src="../answer_common/movie-list.wxml"/>
 4
 5
 6  <!-- 题目展示页面 -->
 7  <template name="movie-lists">
 8    <view class='swiper-lists' bindtouchend='touchEnd' bindtouchstart='setEvent'>
 9      <block wx:for="{{swiper.list}}" wx:for-item="itemList" wx:for-index="idx">
10        <view  wx:if="{{idx == 0}}" class='swiper-list prev' animation="{{swiper.animationO}}">
11          <template is="movie-list" data="{{idx,itemList,answers,layerlayer}}"/>
12        </view>
13        <view  wx:if="{{idx == 1}}" class='swiper-list' animation="{{swiper.animationT}}">
14          <template is="movie-list" data="{{idx,itemList,answers,layerlayer}}"/>
15        </view>
16        <view  wx:if="{{idx == 2}}" class='swiper-list next' animation="{{swiper.animationS}}">
17          <template is="movie-list" data="{{idx,itemList,answers,layerlayer}}"/>
18        </view>
19      </block>
20    </view>
21
```

图 6-4 movie-list.wxml 文件的 template 模板被引用

另外 classify.js、chapter.js 和 info.js 文件中均引用了 public 文件夹中的 douban.js 和 object-assign.js 文件,引用所用的代码如下:

```
const https = require('../../public/js/douban.js');
if(!Object.assign) {
  Object.assign = require('../../public/core/object-assign.js')
}
```

6.1.2　wxml 文件引用

wxml 提供 import 和 include 两种文件引用方式。其中，import 可以用来引用 template 模板，在开发中可以避免相同模板的重复编写，而 include 适合引入组件文件。

1. import

import 可以在该文件中使用目标文件定义的 template，例如，在 item.wxml 中定义一个叫 item 的 template，具体代码如下：

```
<!-- item.wxml -->
<template name="item">
  <text>{{text}}</text>
</template>
```

在 index.wxml 中引用了 item.wxml，就可以使用 item 模板：

```
<import src="item.wxml"/>
<template is="item" data="{{text: 'forbar'}}"/>
```

import 有作用域的概念，即只会引用目标文件中定义的 template，而不会引用目标文件引用的 template。

例如，C import B，B import A，意思是在 C 中可以使用 B 定义的 template，在 B 中可以使用 A 定义的 template，但是 C 不能使用 A 定义的 template。

```
<!-- A.wxml -->
<template name="A">
  <text> A template </text>
</template>

<!-- B.wxml -->
<import src="a.wxml"/>
<template name="B">
  <text> B template </text>
</template>

<!-- C.wxml -->
<import src="b.wxml"/>
<template is="A"/>
<!-- Error! Can not use tempalte when not import A. -->
  <template is="B"/>
```

2. include

include 可以将目标文件除了 <template/><wxs/> 外的整个代码引入,相当于复制到 include 位置,例如：

```
<!-- index.wxml -->
<include src="header.wxml"/>
    <view>body</view>
<include src="footer.wxml"/>

<!-- header.wxml -->
    <view>header</view>

<!-- footer.wxml -->
    <view>footer</view>
```

6.1.3 各类练习页面逻辑修改

各类练习页面逻辑修改主要包括页面引用、文件修改两个部分。

1. 页面引用

单击编辑器中项目目录结构区右上角的"…"按钮,打开驾校考题的项目目录,打开 pages 文件夹,复制 pages 文件夹中的 answer_classify、answer_chapter、answer_info 和 answer_common 文件夹,打开 doudouyun 项目目录,在 pages 文件夹中新建 answer 文件夹,将复制的文件粘贴至 answer 文件夹中,另外将驾校考题中的 public 文件夹复制至 doudouyun 项目目录下,其中 public 与 pages 在同一级目录下。完成以上操作后,doudouyun 项目的项目目录结构如图 6-5 所示。

在 pages 文件夹下添加 answer_classify、answer_chapter、answer_info 和 answer_common 四个页面后,需要在 app.json 文件的 pages 属性中加上对应的所有页面路径。可以选择直接去驾校考题代码的 app.json 文件中复制,但是复制过来后需要在每个页面路径加上一个 answer/,如图 6-6 所示。

2. 文件修改

文件修改主要包括新增的三个页面对应的 js 文件以及 douban.js 文件的修改。其中,每个页面的 js 文件需要修改两处:一处是引入 douban.js 文件对应的相对路径的修改;另一处则是做题功能实现所需的 URL 的修改。

1) 修改 js 文件的相对路径

由于 answer 目录下的所有页面相对于驾校考题项目中对应的页面多了一层 answer,因此在 chapter.js、classify.js 和 info.js 文件中引用 douban.js 和 object-assign.js 时,对应的相对路径需要多一个"../",如图 6-7 所示。

第6章　豆豆云助教课程练习模块开发

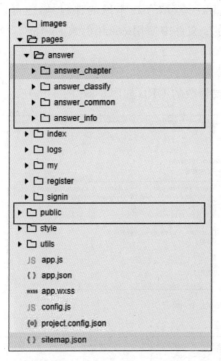

图 6-5　doudouyun 项目的项目目录结构　　图 6-6　使用 app.json 中 pages 属性添加页面路径

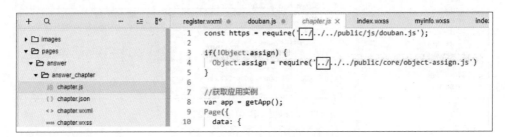

图 6-7　js 文件相对路径修改

注意：chapter.js、classify.js 和 info.js 文件都要修改。

2）修改 URL

在第 5 章申请了课程号，该课程号对应一个题库，在 doudouyun 项目中需要修改各类练习页面 js 文件中与题库相关的 URL。其中需要修改的 URL 分别如下。

章节 URL：Gateway/route?method = pingshifen.question.chapter&course_id = 10014。
专项 URL：Gateway/route?method = pingshifen.question.special&course_id = 10014。
收藏 URL：Gateway/route?method = pingshifen.question.collect&course_id = 10014。
提交答案 URL：Gateway/route?method = pingshifen.question.submit&course_id = 10014。
题号 URL：Gateway/route?method = pingshifen.question.get_id_items&course_id = 10014。
题目详情 URL：Gateway/route?method = pingshifen.question.get_info&course_id = 10014。

其中，course_id 对应的值可以直接为开发者所申请的课程号赋值，也可以使用 wx.

133

getStorageSync('jiaoxue_addedCourse')从本地 storage 获取存在本地的课程号，也可以使用 config.js 中宏定义 courseId，不过需要在对应的 js 文件中使用 const 引入 config.js 文件中的 courseId。

注意：URL 中不能有空格，不然访问时会报错。

其中，chapter.js、classify.js 和 info.js 文件中需要修改的 URL 如图 6-8～图 6-10 所示。

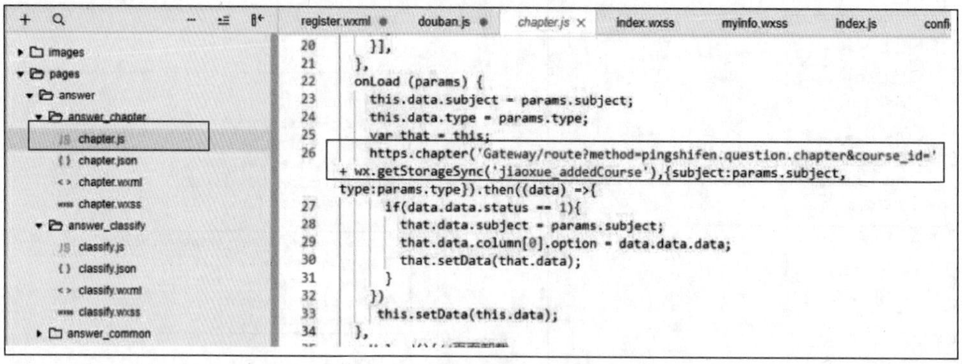

图 6-8　chapter.js 中 URL 的修改

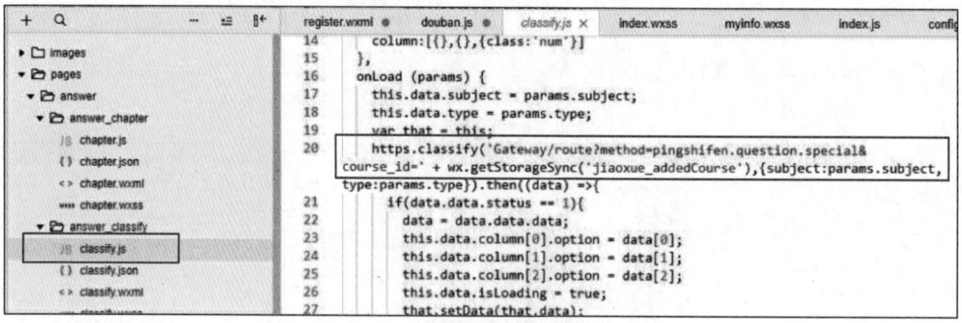

图 6-9　classify.js 中 URL 的修改

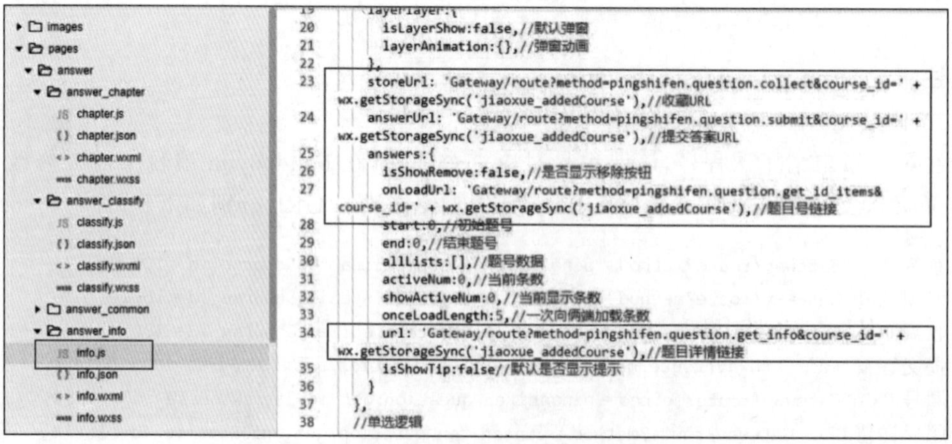

图 6-10　info.js 中 URL 的修改

3）修改 douban.js 中的请求参数

将 douban.js 文件的 AJAX 主体函数中请求参数 openid 改为 course_id 和 openid，对应的值分别是 CONF.courseId 和 wx.getStorageSync('jiaoxue_OPENID')。另外需要对 const 中的内容进行简单修改，如图 6-11 和图 6-12 所示。

```
const API_URL = require('../../config.js').apiUrl,
      Q = require('../core/Q.js'),
      CONF = require('../../config.js');
```

图 6-11　douban.js 中 const 的修改

```
//AJAX主体函数
function fetchApi (type, params,method) {
    var logs = wx.getStorageSync('1217_logs') || {};
    params = Object.assign({
        course_id:CONF.courseId,
        openid: wx.getStorageSync('jiaoxue_OPENID')
    },params);
    return Q.Promise(function(resolve, reject, notify) {
        wx.request({
            url: API_URL + '/' + type,
            data: params,
            header: { 'Content-Type': 'application/json' },
            method:method,
            success:resolve,
            fail: reject
        })
    })
}
```

图 6-12　douban.js 中请求参数的修改

6.2　完成练习功能模块

引用驾校考题的做题页面后，除了需要修改 js 文件中部分相对路径和访问后台的 URL 外，还需要对页面跳转和页面样式进行一些修改。另外本节还讲解了操作过程中涉及的 data-* 属性相关知识。

6.2.1　小程序的 data-* 属性

在开始开发操作之前，先简单介绍一下涉及的 data-* 属性相关知识。data-* 属性主要配合事件一起使用，这里主要以 bindtap 事件为例。

先简单介绍事件对象，如无特殊说明，当组件触发事件时，逻辑层绑定该事件的处理函数并收到一个事件对象。其中 BaseEvent 基础事件对象属性详见表 6-1。

表 6-1 BaseEvent 基础事件对象属性

属性	类型	说明
type	string	事件类型
timeStamp	integer	事件生成时的时间戳
target	object	触发事件的组件的一些属性值集合
currentTarget	object	当前组件的一些属性值集合
mark	object	事件标记数据

其中，type 代表事件的类型，timeStamp 为页面打开到触发事所经过的毫秒数。Target 为触发事件的源组件，其属性详见表 6-2。

表 6-2 Target 属性

属性	类型	说明
id	string	事件源组件的 id
dataset	object	事件源组件上以 data-开头的自定义属性组成的集合

currentTarget 为事件绑定的当前组件，其属性详见表 6-2。

表 6-3 currentTarget 属性

属性	类型	说明
id	string	当前组件的 id
dataset	object	当前组件上以 data-开头的自定义属性组成的集合

dataset 是以 data-开头的自定义属性组成的集合，在组件节点中可以附加一些自定义数据。这样，在事件中可以获取这些自定义的节点数据，用于事件的逻辑处理。

在 wxml 中，这些自定义数据以 data-开头，多个单词由连字符"-"连接。这种写法中，连字符写法会转换为驼峰写法，而大写字符会自动转为小写字符。例如，data-element-type 最终会呈现为 event.currentTarget.dataset.elementType；data-elementType 最终会呈现为 event.currentTarget.dataset.elementtype。

代码示例：

```
<view data-alpha-beta="1" data-alphaBeta="2" bindtap="bindViewTap">DataSet Test</view>

Page({
    bindViewTap:function(event){
        event.currentTarget.dataset.alphaBeta === 1    //- 会转换为驼峰写法
        event.currentTarget.dataset.alphabeta === 2    //大写会转换为小写
    }
})
```

6.2.2 实现页面跳转

单击"顺序练习"按钮，发现页面没有任何变化，也没有报错；单击"章节练习"和"专项练习"按钮,发现调试器的 Console 中报错,具体报错如图 6-13 所示。

图 6-13　页面跳转失败

从报错中可以看出单击"章节练习"和"专项练习"按钮时,页面跳转失败,这是由于章节练习和专项练习的 navigator 组件中的 URL 不对,导致页面跳转失败。将 URL 分别改为../answer/answer_classify/classify? subject={{item.subject}}&type=zxlx 和../answer/answer_chapter/chapter? subject={{item.subject}}&type=zjlx,即可实现正常跳转。

另外,单击"顺序练习"按钮没有反应,这是由于在 index.js 文件中没有添加顺序练习的 view 组件中对应的 bindtap()函数。

本节使用小程序中的 data-*属性,使用一个 bindtap()事件触发函数同时实现顺序练习、章节练习和专项练习的页面跳转。其中,index.wxml 和 index.js 文件中的具体代码如下:

```
<view class = "index-exam-h1">
    课程练习
</view>
<view class = "index-exam-inlets row">
    <view bindtap = "exercise" data-type = 'sxlx' class = "index-exam-inlets-mk col-hg-6">
        <view>顺序练习</view>
        <view class = "small">做题数: 题</view>
    </view>
    <view bindtap = "tapInletsSC" class = "index-exam-inlets-sc col-hg-6" data-urlParem = "{{item.subject}}" data-collection = "{{item.collection}}">
        <view>收藏</view>
        <view>()</view>
    </view>
    <view bindtap = "tapInletsCT" class = "index-exam-inlets-ct col-hg-6" data-urlParem = "{{item.subject}}" data-answerError = "{{item.answerError}}">
        <view>答错</view>
        <view>()</view>
    </view>
    <view class = "row" style = "clear: both;">
        <view bindtap = "exercise" data-type = 'zxlx' class = "index-exam-inlets-list col-hg-6">
            <view class = "icon-index-zx"></view>
            <view class = "text">专项练习</view>
```

```
        </view>
        <view bindtap = "exercise" data-type = 'zjlx' class = "index-exam-inlets-list col-hg-6">
            <view class = "icon-index-zj"></view>
            <view class = "text">章节练习</view>
        </view>
    </view>
</view>

exercise(e) {
    console.log(e)
    let type = e.currentTarget.dataset.type
    var _url
    if (type == 'sxlx') {
        _url = "/pages/answer/answer_info/info?subject = &type = sxlx"
    }else if (type == 'zjlx') {
        _url = "/pages/answer/answer_chapter/chapter?subject = &type = zjlx"
    }else if (type == 'zxlx') {
        _url = "/pages/answer/answer_classify/classify?subject = &type = zxlx"
    }
    wx.navigateTo({
        url: _url,
    })
},
```

其中,index.wxml 文件中顺序练习、章节练习和专项练习对应的 bindtap() 函数均为 exercise,自定义属性组成的集合名称为 type,顺序练习的 data-type 值为 sxlx,章节练习的 data-type 值为 zjlx,专项练习的 data-type 值为 zxlx。

在 index.js 文件中的 exercise() 函数使用 console.log(e),打印当触发 exercise() 函数时参数 e 的值。例如,单击"顺序练习"按钮,调试器中打印出的内容如图 6-14 所示。

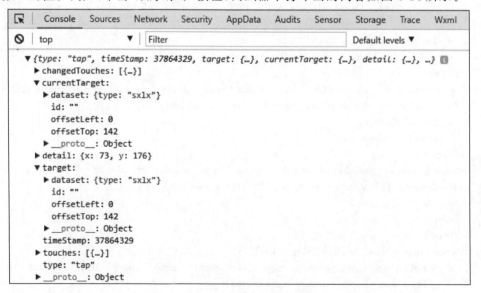

图 6-14 exercise() 函数打印内容

因此,可以通过 e.currentTarget.dataset.type 的值来判断单击的是哪个练习的按钮。在 exercise()函数中将 e.currentTarget.dataset.type 赋值给局部变量 type,并通过 if 语句判断 type 的值,给_url 赋值。不同的 type 值,页面跳转的 URL 不同,并使用 wx.navigateTo()实现页面跳转。

6.2.3 添加页面样式

完成练习页面跳转之后,发现单击"章节练习"和"专项练习"按钮时,跳转至"章节练习"和"专项练习"页面,如图 6-15 和图 6-16 所示。

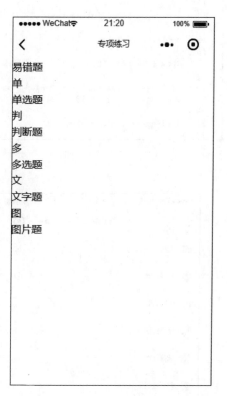

图 6-15 "章节练习"页面   图 6-16 "专项练习"页面

这是由于在驾校考题中章节练习和专项练习对应的样式写在 app.wxss 中,因此需要将驾校考题的 app.wxss 中的样式对应地复制到 doudouyun 项目的 app.wxss 中。其中主要复制/* CSS Document */以下所有的样式代码,如图 6-17 所示。

添加页面样式后,"章节练习"和"专项练习"页面如图 6-18 和图 6-19 所示。

进入"章节练习"页面后,单击章节练习中任意一个章节对应的按钮,例如单击"算法"按钮,发现调试器报错,如图 6-20 所示。单击专项练习中任意按钮也会报错,具体报错如图 6-21 所示。

从报错看,两个报错均为路径错误导致,需要修改 chapter.wxml 和 classify.wxml 中 navigator 组件的 URL,给 URL 对应的路径都加上一个 answer/,如图 6-22 所示。

```
app.wxss
 1  /**app.wxss**/
 2  page{
 3      font-family: Arial,"Microsoft Yahei","微软雅黑", sans-serif;
 4      font-size: 24rpx;
 5      background: #eee;
 6      color: #333;
 7  }
 8
 9  /* CSS Document */
10
11  .row:after { visibility: hidden; display: block; font-size: 0; content: " "; clear: both;
    height: 0; }
12
13  .row { display: inline-table; } /* Hides from IE-mac \*/
14
15  html .row { height: 1%; }
16
17  .row { display: block; } /* End hide from IE-mac */
18
19  .col-hg-1, .col-hg-2, .col-hg-3, .col-hg-4, .col-hg-5, .col-hg-6, .col-hg-7, .col-hg-8,
    .col-hg-9, .col-hg-10, .col-hg-11, .col-hg-12 { float: left; box-sizing: border-box;}
20
21  .col-hg-12 { width: 100%; }
22
```

图 6-17 复制 app.wxss 中所需样式代码

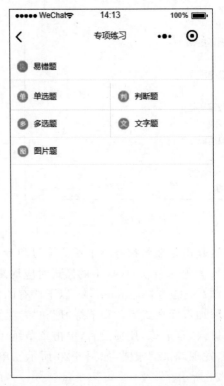

图 6-18 添加样式后的"章节练习"页面　　图 6-19 添加样式后的"专项练习"页面

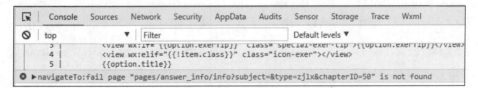

图 6-20 "章节练习"页面跳转失败

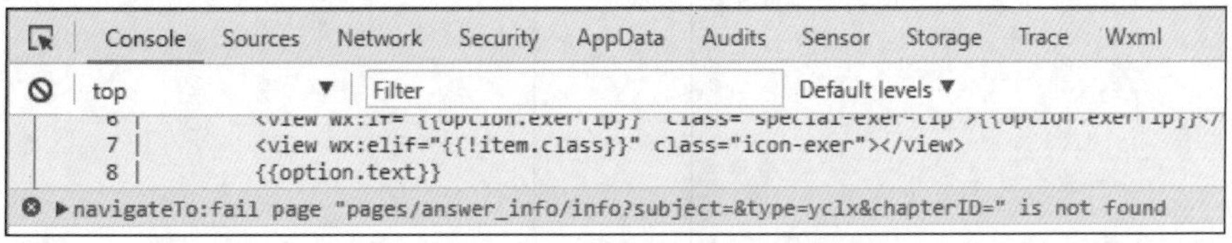

图 6-21 "专项练习"页面跳转失败

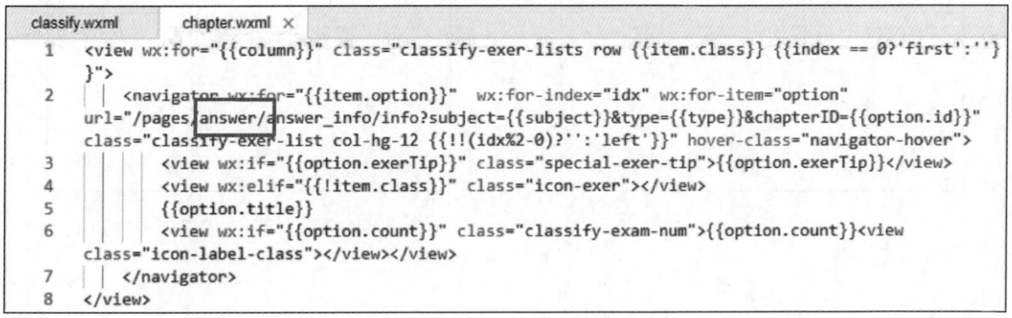

图 6-22 URL 路径修改

修改 URL 后即可跳转至满足章节练习或者专项练习要求的"练习"页面。单击"顺序练习"按钮也是跳转至"练习"页面,"练习"页面如图 6-23 所示。

可以发现"练习"页面中选项的布局不是很美观,这是由于 info.wxml 所用的 movie-list.wxml 中的模板用到了 app.wxss 中定义的 container 全局样式,因此需要修改 container 样式,修改后代码如下:

```
.container {
    height: 100%;
    display: block;
    flex-direction: column;
    align-items: center;
    justify-content: space-between;
    box-sizing: border-box;
}
```

这里主要是将 display 属性值改为 block,并删除 padding 属性。另外,也可以选择直接注释 container 样式。修改样式后,"练习"页面如图 6-24 所示。

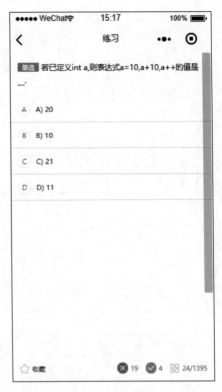

图 6-23　"练习"页面　　　　图 6-24　修改样式后的"练习"页面

6.2.4　显示做题数量

在第 5 章中,将"顺序练习"下面的文字改为了"做题数：题",但是并没有实现做题数量的显示。本节主要实现做题数量的显示。

首先在 index.js 文件的 data{} 中添加一个变量 ques_count,初始值为 0,然后在 index.wxml 文件中将"做题数：题"改为"做题数：{{ques_count}}题",ques_count 变量就是做题数,通过 getDoneQuesCount 接口向后台发送请求,获取做题数量。

其中,该接口请求需要在 onShow() 函数中,而不是在 onLoad() 函数中,由于需要每次做完练习后回到首页就可以看到自己的做题数,onShow() 函数在每次页面显示时执行一次,而 onLoad() 函数只会在页面一开始加载的时候执行一次,无法做到做题数的实时更新。index.js 文件中 onShow() 函数中具体代码如下：

```
onShow:function() {
    var that = this
    wx.request({
        url: userUrl + 'getDoneQuesCount',
        data: {
            openid: wx.getStorageSync('jiaoxue_OPENID'),
            courseId: courseId
```

```
        },
        success:function(res) {
          console.log(res)
          that.setData({
            ques_count: res.data.msg
          })
        }
      })
    },
```

6.3 实现答错与收藏功能

在课程练习模块中，除了顺序练习、章节练习和专项练习外，还包括错题与收藏功能，实现答错与收藏功能主要包括两个内容：一个是在首页实现答错数与收藏数的显示；另一个则是实现答错与收藏页面跳转。

6.3.1 显示答错数与收藏数

在 5.3.2 节中，current 接口向后台发送请求时，请求成功的返回值中除了课程信息外，其实还包括答错数与收藏数，在 index.js 文件的 onLoad() 函数中添加一句 console.log('current',this.data)，用于打印 data 数组的值，打印结果如图 6-25 所示。

图 6-25　index 页面 data 数组打印结果

从打印结果可以看出，answerError 与 collection 的值即为答错数与收藏数，要将答错数与收藏数显示在页面中，就需要在 index.wxml 中答错后面的 view 组件中加入答错数对应的变量{{current_course.question[0].answerError}}，收藏数也一样，如图 6-26 所示。

```
32
33   <view class="index-exam-h1">
34     课程练习
35   </view>
36   <view class="index-exam-inlets row">
37     <view bindtap="exercise" data-type='sxlx' class="index-exam-inlets-mk col-hg-6">
38       <view>顺序练习</view>
39       <view class="small">做题数:{{ques_count}} 题</view>
40     </view>
41     <view bindtap="tapInletsSC" class="index-exam-inlets-sc col-hg-6" data-urlParem="{{item.subject}}" data-collection="{{item.collection}}">
42       <view>收藏</view>
43       <view> ({{current_course.question[0].collection}}) </view>
44     </view>
45     <view bindtap="tapInletsCT" class="index-exam-inlets-ct col-hg-6" data-urlParem="{{item.subject}}" data-answerError="{{item.answerError}}">
46       <view>答错</view>
47       <view> ({{current_course.question[0].answerError}}) </view>
48     </view>
49     <view class="row" style="clear: both;">
```

图 6-26　在 index.wxml 中添加收藏数与答错数变量

单击微信开发者工具中的"编译"按钮，模拟器中首页能够看到答错数与收藏数，如图 6-27 所示。

图 6-27　首页显示答错数与收藏数

6.3.2　答错与收藏页面跳转

单击"答错"或"收藏"按钮，发现没有反应，这是由于在 index.js 文件中没有答错与收藏对应的 bindtap() 函数。将 index.wxml 中答错与收藏对应的 bindtap()

改为 bindUrlToWrong()和 bindUrlToStore(),index.js 文件中对应的函数代码具体如下：

```
bindUrlToStore:function(f) {
  var collection = f.currentTarget.dataset.collection
  if (!!collection) {
    wx.navigateTo({
      url:'/pages/answer/answer_info/info?subject = subject&type = wdsc',
    })
  }else {
    wx.showModal({
      title:'提示',
      content:'未发现您的收藏',
      showCancel:false,
      confirmText:'知道了',
      success:function(res) {

      }
    })
  }
},


bindUrlToWrong:function(f) {
  var answerError = f.currentTarget.dataset.answererror
  if (!!answerError) {
    wx.navigateTo({
      url:'/pages/answer/answer_info/info?subject = subject&type = wdct',
    })
  }else {
    wx.showModal({
      title:'提示',
      content:'恭喜您,暂无错题',
      showCancel:false,
      confirmText:'知道了',
      confirmColor:'#00bcd5',
      success:function(res) {

      }
    })
  }
},
```

除了修改 bindtap()函数名称外,答错与收藏部分还用到了 data-* 属性,收藏对应的 view 组件中为 data-collection,答错对应的 view 组件中为 data-answerError,如图 6-28 所示。

以收藏的 bindUrlToStore()事件触发函数为例,函数中首先定义了 collection 变量,并为 collection 赋值 f.currentTarget.dataset.collection。其中,collection 变量用于判断,如果 collection 不为零,则跳转至 URL 为/pages/answer/answer_info/info? subject＝&type＝wdsc 的"练习"页面,其中 subject 需要作为页面跳转的一个参数,如果没有则会报错,这是由于驾校考题项目中有科目一与科目四两个科目,所以驾校考题的代码逻辑中是有 subject 的,如果全部修改会比较麻烦,在跳转时直接带参数 subject 进行跳转即可解决报错。

```
32
33   <view class="index-exam-h1">
34       课程练习
35   </view>
36   <view class="index-exam-inlets row">
37       <view bindtap="exercise" data-type='sxlx' class="index-exam-inlets-mk col-hg-6">
38           <view>顺序练习</view>
39           <view class="small">做题数:{{ques_count}} 题</view>
40       </view>
41       <view bindtap="bindUrlToStore" class="index-exam-inlets-sc col-hg-6" data-collection="{ {current_course.question[0].collection}}">
42           <view>收藏</view>
43           <view> ({{current_course.question[0].collection}}) </view>
44       </view>
45       <view bindtap="bindUrlToWrong" class="index-exam-inlets-ct col-hg-6" data-answerError="{ {current_course.question[0].answerError}}">
46           <view>答错</view>
47           <view> ({{current_course.question[0].answerError}}) </view>
48       </view>
```

图 6-28　答错与收藏的 data-＊属性

答错对应的事件触发函数的整体逻辑与收藏相同,另外,答错还存在一个小漏洞,单击"答错"按钮时,弹出的对话框如图 6-29 所示。

图 6-29　单击"答错"按钮时的漏洞

解决方法是在 douban.js 中加一段代码,如图 6-30 所示。

```
103    list.data = [];
104    list.error = 0;
105    list.success = 0;
106    // 解决错误回顾bug
107    var tmp = [];
108    if (typeof data.data == 'object') {
109      for (var key in data.data) {
110        tmp.push(data.data[key]);//往数组中放属性
111      }
112      data.data = tmp
113    }
114    data.data.forEach(function(v,i){
115      var a = {};
116      a.id = v.question_id;//题目ID
117      a.isAnswer = 0; //题目状态 0:未做, 1: 正确, 2: 错误
118
119      if(control.isShowNewExam){//判断是否显示后台答案统计
120        a.isAnswer = v.answer || 0; //题目状态 0:未做, 1: 正确, 2: 错误
121        if(!!a.isAnswer){//初始位置
122          list.activeNum = i+1;
123        }
```

图 6-30　错题回顾的漏洞解决方案

解决问题后,单击"答错"按钮,跳转至图 6-31 所示的页面。

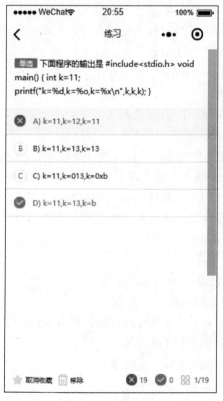

图 6-31　答错页面

6.4 作业思考

一、讨论题

1. 讨论对驾校考题几个页面的理解。
2. view 组件中 data 属性如何实现向 js 传递值？
3. 什么情况下赋值不能使用 this.setData，要使用 that.setData？
4. if(collection)、if(collection == true)、if(!!collection)的区别是什么？
5. 为什么 data 属性中定义的 urlParam，在 js 中使用 urlParam 无法获取数值？

二、单选题

1. 在数据 API 中，wx.getStorageSync 的后缀 Sync 代表的含义是（　　）。
　　A. 同步的　　　　B. 异步的　　　　C. 无意义　　　　D. 都不正确
2. 为了提高使用便捷性，同一个小程序允许每个用户单独存储（　　）以内的数据在本地设备中。
　　A. 2MB　　　　B. 5MB　　　　C. 10MB　　　　D. 无限制
3. （　　）可以用于清空全部数据。
　　A. wx.deleteStorage　　　　B. wx.flushStorage
　　C. wx.removeStorage　　　　D. wx.clearStorage
4. 已知本地缓存中已经存在 key='123'，value='hello'的一条数据，在执行 wx.setStorageSync('123','world')代码后，本地缓存将发生的变化是（　　）。
　　A. key='123',value='world'
　　B. key='123',value='hello'
　　C. key='123',value=' '
　　D. 报错，该键名称已经存在，无法写入
5. 以下关于容器属性的说法错误的是（　　）。
　　A. flex-wrap 属性用于规定是否允许项目换行，以及多行排列时换行的方向
　　B. justify-content 属性用于设置项目在主轴方向上的对齐方式
　　C. align-items 属性用于设置项目在行中的对齐方式
　　D. align-content 属性用于多行排列时设置项目在中线上
6. 关于进度条的说法错误的是（　　）。
　　A. percent 控制进度条百分比
　　B. show-info 在进度条右侧显示百分比
　　C. color 改变进度条的颜色
　　D. active_mode forwards 控制动画从头播放，backwards 从上次结束点开始播放
7. 下列对于 text 属性的描述错误的是（　　）。
　　A. selectable 用于控制文本是否可选
　　B. space 可以显示连续空格
　　C. decode 可以控制是否解码

D. ensp 可以根据字体设置空格的大小
8. wxml 中 getBlur 和 getInput 的区别是（   ）。
   A. getBlur 限制最大字符长度为 10
   B. getInput 限制最大字符长度为 10
   C. 使用 getBlur，当文本失去焦点，就会触发 js 函数；使用 getInput，当变量修改时才触发函数
   D. getInput 可以禁止在文本框中输入文字
9. 以下关于项目属性的说法错误的是（   ）。
   A. order 属性用于设置项目沿主轴方向上的排列顺序，数值越大，排列越靠前
   B. flex-shrink 属性用于设置项目收缩因子
   C. flex-grow 属性用于设置项目扩张因子
   D. flex-basis 属性根据主轴方向代替项目的宽或高
10. 以下关于容器属性 flex-direction 的说法错误的是（   ）。
    A. row：默认值，主轴在水平方向上从左到右
    B. row-reverse：主轴是 row 的反方向，项目按照主轴方向从右到左排列
    C. column：主轴在垂直方向上从上到下，项目按照主轴方向从上到下排列
    D. column- reverse：主轴是 column 的反方向，项目按照从左到右排列

第7章

豆豆云助教签到测距模块开发

小事成就大事，细节成就完美。

——戴维·帕卡德

1.5s 有多长？有人说是一眨眼的工夫。1.5s 有多重要？有人说值千金。

宝洁公司生产的日用品可以说遍布世界各地，该公司推出的一款汰渍洗衣粉也是家喻户晓的产品，然而在推出该洗衣粉后的第三年，销量却大幅下滑，这一现象引起了销售部门的注意。工作人员利用各种方法进行调查，包括做问卷、举办座谈会、网络投票等，却收效甚微。

有一次，在超市进行随机调查过程中，一位妇女抱怨说："汰渍洗衣粉效果不错，但是每次用量太多，很不划算。"工作人员赶紧在网络投票里增加了一个"洗衣用量过多"的选项，没想到选择人数占据 70%。经过进一步了解，他们终于找到了问题的关键所在，原来在汰渍洗衣粉的广告宣传片里，倒洗衣粉的这个镜头长达 3s，而其他同类广告中，一般为 1.5s。正是这短短的 1.5s 镜头，给人产生了一种此款洗衣粉每次用量都需要很多的错觉。

细节很重要，因此对于一个教师课上进行教学的 App 来说，有一个学生签到功能再合适不过了。本章完成签到测距模块的开发，签到测距模块是豆豆云助教中签到模块的简化，由于豆豆云助教分为教师端和学生端，教师在教师端发布签到，学生在学生端进行签到。本章案例仅模拟签到模块，实现签到功能中涉及的逻辑功能。

7.1 签到测距页面布局

本节主要分为两个部分完成签到测距页面布局，首先是在 app.json 文件的 tabBar 属性中增加一个 list，使得签到测距页面也作为 tabBar 中的一栏，然后根据签到测距模块的需求，从 WeUI 样式库中找到所需样式完成签到测距页面的基本布局。

7.1.1 添加签到 tabBar

右击 pages 目录,在弹出的快捷菜单中选择"新建目录"命令,新建目录并命名为 signin,右击 signin 目录,在弹出的快捷菜单中选择"新建 Page"命令,新建 Page 并命名为 signin,完成签到测距页面的新建。

签到测距页面作为 tabBar 中的一个页面,需要去 icon 网站下载两个图片作为签到测距页面的 icon 与 selectedIcon,将下载的图片存放在 doudouyun 项目的 images 文件夹下。app.json 文件中 tabBar 属性的代码如下:

```
"tabBar": {
  "list": [
    {
      "pagePath": "pages/index/index",
      "text": "主页面",
      "iconPath": "images/tab_account1.png",
      "selectedIconPath": "images/tab_account2.png"
    },
    {
      "pagePath": "pages/signin/signin",
      "text": "签到",
      "iconPath": "images/signin2.png",
      "selectedIconPath": "images/signin1.png"
    },
    {
      "pagePath": "pages/my/myinfo",
      "text": "我的",
      "iconPath": "images/tab_course1.png",
      "selectedIconPath": "images/tab_course2.png"
    }
  ]
},
```

其中,pages/signin/signin 为签到测距页面的页面路径,images/signin2.png 和 images/signin1.png 分别为签到测距页面的图片路径和被选中时的图片路径。

7.1.2 签到测距页面基本布局

签到测距页面主要包括四个部分,分别是选择位置、获取当前位置、"测距"按钮和测距结果,如图 7-1 所示。

其中,选择位置用于选择一个目标位置;获取当前位置则用于获取用户所在位置;单击"测距"按钮,测量目标位置与用户所在位置的距离,并将测量的距离显示在初始值为 hello world 的 view 组件中。

图 7-1 签到测距页面基本布局

1. 选择位置与获取当前位置

在 WeUI 样式库的表单下的 list 中找到带说明、带跳转的列表项,将该列表项的 wxml 代码复制至 signin.wxml 文件中,修改代码中对应的文字,并将代码中原来的 navigator 组件改为 view 组件,删除组件中的 url 属性。修改后代码如下:

```
< view class = "weui-cells weui-cells_after-title">
  < view class = "weui-cell weui-cell_access" hover-class = "weui-cell_active">
    < view class = "weui-cell__bd">选择位置</view>
    < view class = "weui-cell__ft weui-cell__ft_in-access">()</view>
  </view>
  < view class = "weui-cell weui-cell_access" hover-class = "weui-cell_active">
    < view class = "weui-cell__bd">获取当前位置</view>
    < view class = "weui-cell__ft weui-cell__ft_in-access">()</view>
  </view>
</view>
```

2. "测距"按钮

在 WeUI 样式的表单下的 button 中找到"页面主操作 Normal"按钮,并将对应 button 的 wxml 代码复制至 signin.wxml 中,将"页面主操作 Normal"改为"测距"。

```
<button class = "weui-btn" type = "primary">测距</button>
```

添加 button 后,编译发现测距 button 的两端占满了这个页面,没有空隙,不是很美观,如图 7-2 所示。

在 signin.wxss 中添加测距 button 组件中对应的 weui-btn 样式,添加后的效果如图 7-3 所示,样式代码具体如下:

```
.weui-btn {
  margin: 20px 15px;
}
```

图 7-2　测距 button 修改样式前　　　　图 7-3　测距 button 修改样式后

3. 测距结果

为了显示测距所测出的距离,在 signin.wxml 中添加一个 view 组件,用于显示变量 {{motto}},在 signin.js 文件的 data 数组中添加变量 motto,初始值为 hello world,添加的代码具体如下。

signin.wxml 代码:

```
<view class = "motto">{{motto}}</view>
```

signin.wxss 代码:

```
.motto{
  margin-top: 150px;
  text-align: center
}
```

sign.js 代码：

```
data: {
  motto:'hello world',
},
```

其中，motto 样式的 margin-top 属性用于控制该组件与上一个 button 组件之间的距离，text-align 值为 center 可使该组件居中。

7.2 位置信息相关 API 调用

在小程序开发中，与位置信息相关的 API 有很多。在签到测距页面中主要用到的是选择位置 API 和获取当前位置 API，并通过这两个 API 获取经纬度，用于后面的测距。

7.2.1 选择位置 API

wx.chooseLocation 作为选择位置 API，它的参数详见表 7-1。

表 7-1 wx.chooseLocation 的参数列表

属性	类型	必填	说明
success	function	否	接口调用成功的回调函数
fail	function	否	接口调用失败的回调函数
complete	function	否	接口调用结束的回调函数（无论调用成功还是失败都会执行）

其中成功回调函数中所包含的属性详见表 7-2。

表 7-2 成功回调函数属性列表

属性	类型	说明
name	string	位置名称
address	string	详细地址
latitude	string	纬度，浮点数，范围为 −90°～90°，负数表示南纬。使用 gcj02 国家测绘局坐标系
longitude	string	经度，浮点数，范围为 −180°～180°，负数表示西经。使用 gcj02 国家测绘局坐标系

首先在 signin.wxml 文件选择位置所在列表项的 view 组件中添加 bindtap 函数 chooseLocation()，并在 signin.js 文件的 data 数组中添加一个 choosen 数组，其中 choosen 数组中有 latitude 和 longitude 两个变量，变量初始值为 0。

然后在 signin.wxml 文件选择位置所在列表项中说明文字所在 view 组件，将()改为({{choosen.longitude}},{{choosen.latitude}})，这样选择位置对应的经纬度坐标初始值为(0,0)。

最后在 signin.js 文件中添加 chooseLocation() 函数,使用 wx.chooseLocation() 获取所选目标位置的经纬度,并赋值给 choosen 数组的 longitude 和 latitude,chooseLocation() 函数的代码具体如下:

```
chooseLocation:function(){
  wx.chooseLocation({
    success: (res) => {
      this.setData({
        choosen: res,
      })
    },
  })
},
```

在 wx.chooseLocation() 中使用 console.log(res) 打印成功回调函数的返回值,可以看到返回值中包括如图 7-4 所示的信息。

图 7-4　在 wx.chooseLocation() 中打印成功回调函数的返回值

对 chooseLocation() 函数进行简单修改,也可以实现调用选择位置 API,并获取目标位置的经纬度,修改后的代码如图 7-5 所示。与前一种写法的主要区别是 success() 函数中使用的是 function,导致使用 setData 赋值时,不能使用 this.setData,否则会出现如图 7-6 所示的报错。这是由于作用域问题导致的,success() 回调函数的作用域已经脱离了调用函数,需要在回调函数之外把 this 赋给一个新的变量,图中将 this 赋给了 that。

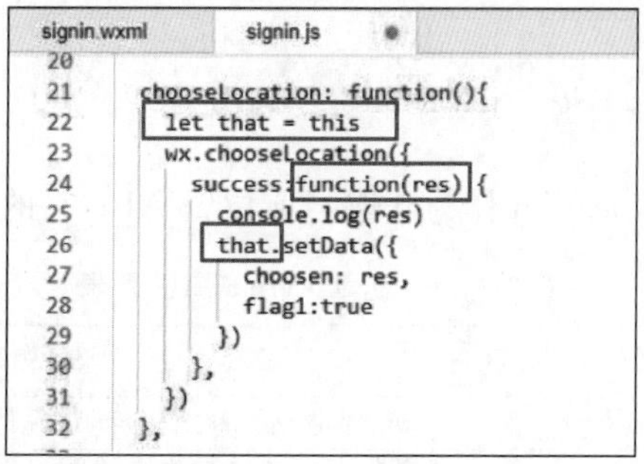

图 7-5　修改后的 chooseLocation() 函数

chooseLocation() 函数写完后,单击"选择位置"按钮,会跳转至"选择位置"页面,该页面主要调用了腾讯地图的数据,如图 7-7 所示。选择一个位置后,单击"确定"按钮,即跳转回签到测距页面,可见"选择位置"一栏中显示了所选位置的经纬度,如图 7-8 所示。

图 7-6 使用 this.setData 报错

图 7-7 "选择位置"页面

图 7-8 所选位置经纬度显示

7.2.2 获取当前位置 API

wx.getLocation 作为获取当前位置 API，它的属性详见表 7-3。

表 7-3 wx.getLocation 属性列表

属　性	类　型	默认值	必填	说　　明
type	string	wgs84	否	wgs84 返回 gps 坐标，gcj02 返回可用于 wx.openLocation 的坐标
altitude	string	false	否	传入 true 会返回高度信息，由于获取高度需要较高精确度，因此会减慢接口返回速度
success	function		否	接口调用成功的回调函数
fail	function		否	接口调用失败的回调函数
complete	function		否	接口调用结束的回调函数（无论调用成功还是失败都会执行）

其中成功回调函数中所包含的属性详见表 7-4。

表 7-4 回调函数的属性列表

属　　性	类　　型	说　　明
latitude	number	纬度,范围为－90°～90°,负数表示南纬
longitude	number	经度,范围为－180°～180°,负数表示西经
speed	number	速度,单位为 m/s
accuracy	number	位置的精确度
altitude	number	高度,单位为 m
verticalAccuracy	number	垂直精度,单位为 m(Android 无法获取,返回 0)
horizontalAccuracy	number	水平精度,单位为 m

与选择位置 API 相同,获取当前位置 API 首先在 signin.wxml 文件获取当前位置所在列表项的 view 组件中添加 bindtap 函数 getLocation(),并在 signin.js 文件的 data 数组中添加一个 got 数组,其中 got 数组中有 latitude 和 longitude 两个变量,变量初始值为 0。

然后在 signin.wxml 文件获取当前位置所在列表项中说明文字所在 view 组件,将()改为 ({{got.longitude}},{{got.latitude}}),这样获取当前位置对应的经纬度坐标初始值为(0,0)。

最后在 signin.js 文件中添加 getLocation()函数,使用 wx.getLocation()获取用户当前位置的经纬度,并赋值给 got 数组的 longitude 和 latitude,getLocation()函数的代码具体如下:

```
getLocation:function(){
  wx.getLocation({
    type:'gcj02',
    success: (res) => {
      this.setData({
        got: res,
      })
    },
  })
},
```

由于 wx.chooseLocation()中经纬度用的是国家测绘局坐标(火星坐标,gcj02),而 wx.getLocation()中 type 的默认值为 wgs84,所以 wx.getLocation()中的 type 选择 gcj02。其中,国家测绘局坐标是中国标准的互联网地图坐标系,wgs84 则是国际标准。

在 wx.getLocation()中使用 console.log(res)打印成功回调函数的返回值,可以看到返回值中包括如图 7-9 所示的信息。

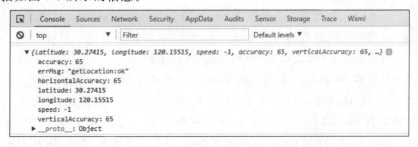

图 7-9 在 wx.getLocation()中打印成功回调函数的返回值

getLocation()函数写完后,单击"获取当前位置"按钮,即可看见"获取当前位置"一栏中显示了用户当前位置的经纬度,如图 7-10 所示。

图 7-10 当前位置经纬度显示

7.3 实现测距功能

在前两节中,完成了签到测距页面的布局,并实现了选择位置和获取当前位置的功能,本节用现有的两个经纬度坐标,通过经纬度计算距离公式计算目标位置与用户当前位置的距离。

7.3.1 巧用 button 的 disabled 属性

对于签到测距页面的 button,希望在没有单击"选择位置"和"获取当前位置"按钮,获取经纬度坐标之前,"测距"按钮被禁用。只有完成了位置选择与获取后,才可以单击"测距"按钮进行测距。

在 WeUI 样式库中,我们会发现每种 button 都有两个状态(如图 7-11 所示):一个是 Normal;另一个是 Disabled。其中,Normal 的 button 是可以正常使用的,而当加入 disabled 的属性,且 disabled="true"时,button 就被禁用了,怎么单击都不会有反应。

首先在 signin.js 文件的 data 数组中定义 flag1 和 flag2 两个变量,用来表示是否完成

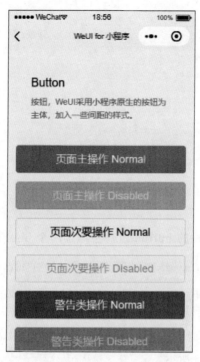

图 7-11　WeUI 中 button 的样式

位置选择和是否获取当前位置信息,初始值为 false。当调用选择位置 API 时,给变量 flag1 赋值为 true;当调用获取当前位置 API 时,给变量 flag2 赋值为 true。signin.js 中 data 数组、chooseLocation() 函数与 getLocation() 函数代码具体如下:

```
data: {
  motto:'hello world',
  choosen:{
    latitude:0,
    longitude:0
  },
  got: {
    latitude:0,
    longitude:0
  },
  flag1:false,
  flag2:false
},

chooseLocation:function(){
  wx.chooseLocation({
    success: (res) => {
      this.setData({
        choosen: res,
        flag1:true
      })
    },
```

```
    })
  },

  getLocation:function(){
    wx.getLocation({
      type:'gcj02',
      success: (res) = > {
        this.setData({
          got: res,
          flag2:true
        })
      },
    })
  },
```

然后在 signin.wxml 文件的 button 组件中添加一个 disabled 属性，代码如下：

< button class = "weui - btn" type = "primary" disabled = "{{!(flag1&&flag2)}}" >测距</button >

当两个 API 均未被调用时，flag1 和 flag2 均为 false，!（flag1＆＆flag2）＝true，"测距"按钮被禁用，如图 7-12 所示。

当仅调用选择位置 API 时，flag1 值为 true，flag2 值为 false，!（flag1＆＆flag2）＝true，"测距"按钮被禁用，如图 7-13 所示。

图 7-12 两个 API 均未被调用　　　　　图 7-13 仅调用选择位置 API

当仅调用获取当前位置 API 时，flag1 值为 false，flag2 值为 true，！（flag1&&flag2）= true，"测距"按钮仍被禁用，如图 7-14 所示。

当且仅当两个 API 均被调用时，flag1 和 flag2 的值均为 true，！（flag1&&flag2）= false，"测距"按钮可用，如图 7-15 所示。

图 7-14　仅调用获取当前位置 API

图 7-15　两个 API 均被调用

7.3.2　js 实现经纬度测距

首先给"测距"按钮添加一个 bindtap 函数，名为 calculate，具体代码如下：

```
<button class = "weui - btn" type = "primary" disabled = "{{!(flag1&&flag2)}}"
bindtap = 'calculate'>测距</button>
```

经纬度测距通过数学公式计算，在网上有许多相关的代码，本书主要参考了标题名为"js 根据经纬度计算两点距离"的博客，该博客链接为 https://blog.csdn.net/weixin_40687883/article/details/80361779。将其中与测距相关的 js 代码复制至 signin.js，并根据情况进行简单修改，具体代码如下：

```
Rad:function(d){
    return d * Math.PI / 180.0;
},
```

```
calculate:function(){
    let lat1 = this.data.choosen.latitude
    let lat2 = this.data.got.latitude
    let lng1 = this.data.choosen.longitude
    let lng2 = this.data.got.longitude
    var radLat1 = this.Rad(lat1);
    var radLat2 = this.Rad(lat2);
    var a = radLat1 - radLat2;
    var b = this.Rad(lng1) - this.Rad(lng2);
    var s = 2 * Math.asin(Math.sqrt(Math.pow(Math.sin(a/2), 2) + Math.cos(radLat1) * Math.cos(radLat2) * Math.pow(Math.sin(b/2), 2)));
    s = s * 6378137.0;      //取 wgs84 标准参考椭球中的地球长半径(单位:m)
    s = Math.round(s * 10000) / 10000;
    s = s.toFixed(2)
    this.setData({
        motto: s + 'm'
    })
},
```

其中，Rad()函数主要是进行单位换算，将度转换为弧度。Math.asin()为反正弦函数，Math.sqrt()方法用于计算平方根，Math.pow(x,y)方法用于计算 x 的 y 次幂。Math.round()方法用于数字的四舍五入。toFixed()方法可以把 number 四舍五入为指定小数位数的数字。通过以上计算公式求出的距离单位为 m(米)。

选择好目标位置，并获取用户当前位置后，单击"测距"按钮，所测得的距离则显示在 button 下方，替换 motto 的初始值 hello world，如图 7-16 所示。

图 7-16　测距结果

7.4 作业思考

一、讨论题

1. tabBar 的 list 数组中最多有几个 tab？
2. 什么时候需要使用 let that = this？
3. 除了 gcj02 坐标系，还有哪些坐标系？
4. margin 属性可以有 1~4 个值，对应不同个数的值时，每个值所指的意思是什么？
5. 如何将 Number 四舍五入为指定小数位数的数字？

二、单选题

1. 小程序目前使用的坐标类别为（ ）。
   A. gps 和 gcj02   B. gps 和 wsg84
   C. cgcs2000 和 gps   D. wsg84 和 gcj02
2. 小程序使用（ ）方法获取当前地理位置信息。
   A. wx.getLocation()   B. wx.gainLocation()
   C. wx.catchLocation()   D. wx.chooseLocation()
3. 在获取到的地理位置信息中，（ ）表示经度。
   A. latitude   B. longitude   C. altitude   D. accuracy
4. （ ）用于打开地图选择位置。
   A. wx.checkLocation   B. wx.findLocation
   C. wx.selectLocation   D. wx.chooseLocation
5. 微信小程序通过（ ）获取地图中心坐标。
   A. wx.checkLocation()   B. wx.findLocation()
   C. wx.selectLocation()   D. MapContext.getCenterLocation()
6. 微信小程序通过（ ）将地图中心移动到当前定位点。
   A. wx.checkLocation()   B. wx.readLocation()
   C. MapContext.moveToLocation()   D. wx.findLocation()
7. 微信小程序开发通过（ ）获取视野范围。
   A. wx.findLocation()   B. wx.checkLocation()
   C. TranslateMarker(OBJECT)   D. MapContext.getRegion()
8. 微信小程序开发通过（ ）获取地图缩放级别。
   A. wx.findLocation()   B. wx.openLocation()
   C. MapContext.getScale()   D. MapContext.getRotate()
9. wx.chooseLocation(OBJECT)success()回调函数返回的参数不包括（ ）。
   A. name   B. address   C. latitude   D. speed
10. wx.getLocation(OBJECT)success()回调函数返回的参数不包括（ ）。
    A. latitude   B. accuracy   C. alitude   D. name

第8章

初识后台与数据库

工不兼事则事省，事省则易胜。

——《慎子·威德》

鳄鱼和千鸟的互惠互利是一件很有趣的事。千鸟不仅会在凶猛的鳄鱼身上寻找小虫，而且能进入鳄鱼的口腔啄食鱼、蚌、蛙等肉类和寄生在鳄鱼口腔内的水蛭。有时鳄鱼突然把大口闭合，千鸟就会被关在里面，但只要千鸟轻轻用嘴击打鳄鱼的上下颚，鳄鱼就会立即张开大嘴，让千鸟飞出来。

相互配合、互利共赢是自然界与人类社会都通用的法则，这在小程序开发中也有所体现。小程序除了前端设计外，还会涉及后台和数据库的开发，前几章用到的 API 都是使用 PHP 编写的后台接口，在小程序前端进行调用，实现相应的功能。在开发过程中，需要搭建本地环境，使用的是 WampServer，即 Windows、Apache、MySQL 和 PHP 的集成安装环境。小程序要实现发布，就需要服务器的支持，本项目使用的云服务器是新浪云，新浪云的内容详见第 9 章。因此，在开始学习本章之前，需要先安装 WampServer。本书主要讲的是小程序前端的开发，对后台部分不会细讲，只是带大家简单了解一下开发整个项目会涉及的一些操作步骤。

8.1 本地环境安装与测试

本节主要包括两部分内容，分别是软件安装和本地环境搭建，需要安装的软件有 WampServer 和 Sublime。

8.1.1 安装 WampServer 与 Sublime

WampServer 是一款 Apache Web 服务器、PHP 解释器以及 MySQL 数据库的整合软件包，免去了开发人员将时间花费在烦琐的配置环境过程，从而腾出更多精力去做开发。Sublime 是一种代码编辑器，支持多种编程语言的语法高亮显示。

1. 安装 WampServer

在 WampServer 官方网站下载一个 WampServer 安装包，注意要根据自己计算机的配置情况下载，使得软件安装完后能以最佳状态运行。

双击解压后的 WampServer.exe 文件，首先会弹出语言选择对话框，勾选 English 复选框，单击 OK 按钮。

选择 I accept the agreement 单选按钮表示接受条款，如果不接受条款则不允许安装，如图 8-1 所示。然后单击 Next 按钮。

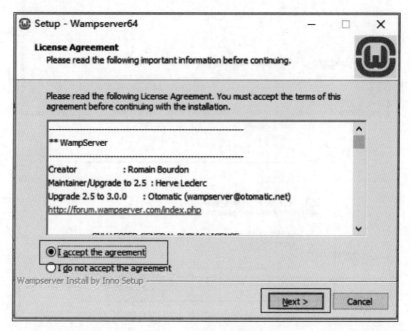

图 8-1　接受许可协议

选择安装目录 E 盘，单击 Next 按钮，如图 8-2 所示。此处可根据自己的喜好选择，如果喜欢安装在 C 盘也不是不可以，但为了避免因重装系统而丢失文件，请选择 C 盘以外的盘来安装比较好。

在弹出的对话框中单击 Install 按钮。在安装结束前，还会有是否选择默认浏览器和是否选择文本编辑器两个对话框，如图 8-3 和图 8-4 所示。开发者可根据自身情况选择默认浏览器与文本编辑器。

完成默认浏览器与文本编辑器的选择后，等待安装进度结束，单击 Next 按钮，然后单击 Finish 按钮，即完成 WampServer 的安装。

双击桌面上 WampServer 的快捷方式，查看 WampServer 是否安装成功，如果桌面右下角的图标变绿色，如图 8-5 所示，则说明 WampServer 启动成功；如果图标呈红色或者橙色，则说明启动失败，WampServer 安装还存在问题，遇到这种情况可以上网寻求解答。

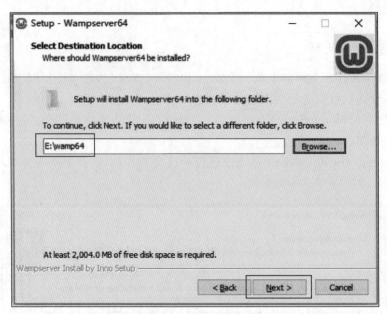

图 8-2 选择安装目录

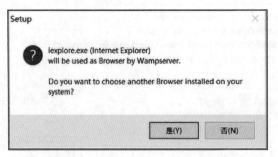

图 8-3 是否选择默认浏览器对话框

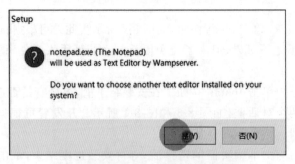

图 8-4 是否选择文本编辑器对话框

图 8-5 WampServer 启动成功

2. 安装 Sublime

Sublime 相关的安装教程在网上有很多,安装包也可以直接在网上找到并下载。本书配套资料中有 Sublime 安装后的整个文件,开发者可以选择直接将该文件夹放置于自己软件安装的常用目录下。打开文件夹,右击 sublime_text.exe,在弹出的快捷菜单中选择"创建快捷方式"命令,新建快捷方式并将该快捷方式拖至桌面。双击 sublime_text 图标打开 sublime 编辑器,如图 8-6 所示。

图 8-6　Sublime 编辑器

8.1.2　搭建本地环境

安装完 WampServer 与 Sublime,软件已准备就绪,接下来就是搭建本地开发环境。doudouyun 项目用到的后台代码与数据库,可在本书配套资料中下载,下载后,解压缩得到后台代码和数据库文件。

1. 存放后台代码

将提供的后台代码放在 WampServer 安装目录下 wamp64 的 www 文件夹中,可以单击右下角的绿色图标,然后选择 www directory 选项,进入 www 文件夹,如图 8-7 所示。

图 8-7 选择 www directory 选项

在后台代码的文件夹中,有一个名称为"1"的文件夹,只有将该文件夹复制至 www 文件目录下,后台代码才能在本地服务器上运行,如图 8-8 所示。

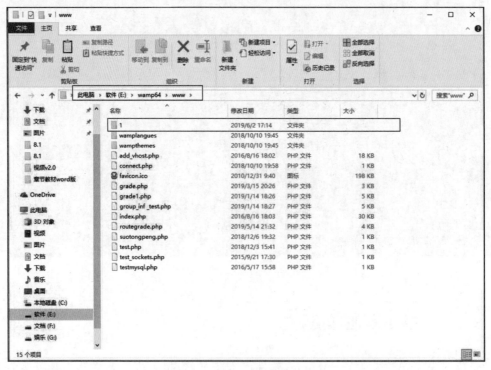

图 8-8 后台代码放置路径

2. 导入数据库文件

单击右下角的绿色图标,然后选择 phpMyAdmin 选项,如图 8-9 所示。

选择 phpMyAdmin 选项后,弹出 phpMyAdmin 登录页面,如图 8-10 所示。其中,用户名为 root,密码为空,单击"执行"按钮即可进入 phpMyAdmin 主页,如图 8-11 所示。

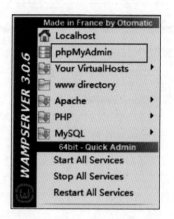

图 8-9　选择 phpMyAdmin 选项

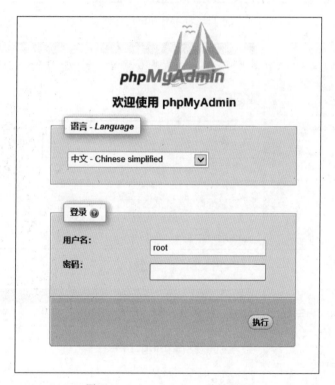

图 8-10　phpMyAdmin 登录页面

单击"新建"按钮，将新建数据库的名字命名为 pingshifen，排序规则选择 utf8_general_ci，单击"创建"按钮即可创建一个名为 pingshifen 的数据库，如图 8-12 所示。

新建完之后，选择 pingshifen 数据库，单击"导入"按钮，然后单击"浏览"按钮，选择提供的 pingshifen.sql 文件，选择完后，单击页面最下方的"执行"按钮，将 pingshifen.sql 导入本地数据库，如图 8-13 所示。

导入成功后，可以看到 pingshifen 中有很多数据表，如图 8-14 所示。每个数据表分别用于存储不同的数据信息，例如题库信息存放在 pingshifen_question_bank 中。

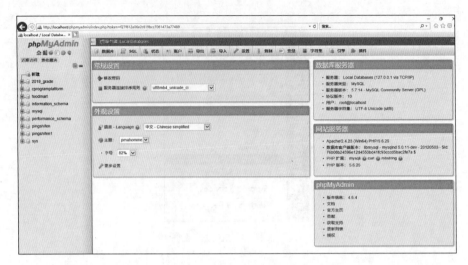

图 8-11 phpMyAdmin 主页

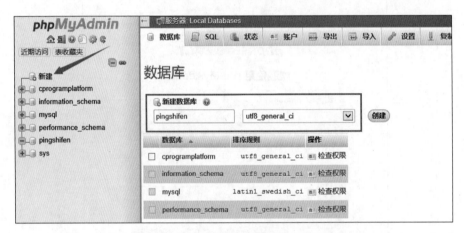

图 8-12 新建数据库

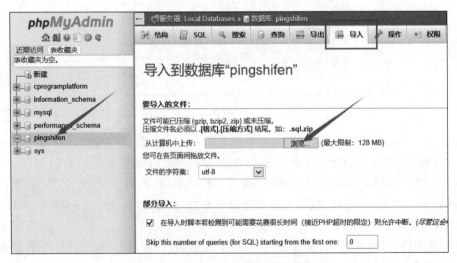

图 8-13 导入数据库

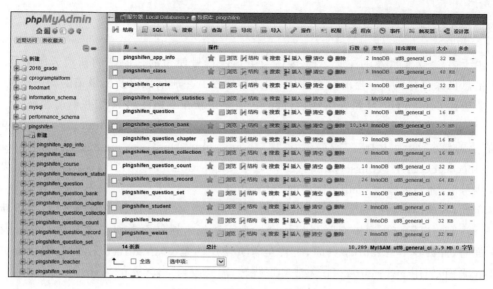

图 8-14 数据库中的数据表

3. 修改服务器地址

打开微信开发者工具中的 doudouyun 项目，打开 config.js 文件，将 apiUrl 改为 http://127.0.0.1/1/index.php/Api。原来的 https://zjgsujiaoxue.applinzi.com 是本书为开发者提供的新浪云服务器地址，http://127.0.0.1 为本地服务器地址，访问该服务器地址，如图 8-15 所示。其中，可以看到后台代码对应的文件夹"1"在 Your Projects 目录下。另外 http://127.0.0.1/ 与 /index/Api 之间的路径对应的是 www 文件目录下的后台代码存放路径。

图 8-15 本地服务器地址

4. 重新注册 API 接口和申请课程

由于第 3~7 章涉及的注册 API 接口与申请课程号使用的是原来的新浪云服务器,之前的信息也保存在该服务器的数据库中,因此本地没有注册信息以及所申请的课程信息。

要想让 doudouyun 项目在本地运行起来,需要重新在本地注册 API 并申请课程号。其中,注册 API 接口的链接变为 http://127.0.0.1/1/index.php/Page/Index/register,申请课程号的链接变为 http://127.0.0.1/1/index.php/Api/User/createCourse?appid=wx60dbecdccbea11f7&courseName=1028 教学&questionSet=1012&creater=大佬,申请完课程号后,还需要修改 config.js 中的 courseId。

至此,本地环境就搭建完了,doudouyun 项目可以在本地运行。在编译之后,会重新弹出进行注册的提示,单击"提交"按钮后,会发现无法正常跳转至首页。这是由于在开发注册页面时,首页并不是 tabBar 页面,跳转至首页使用的是 wx.redirectTo,但是现在首页是 tabBar 页面,使用 wx.redirectTo 无法实现跳转,需要改为 wx.switchTab。

8.2 后台 API 开发

doudouyun 项目的后台开发使用 PHP 语言,且用到了 ThinkPHP 框架,ThinkPHP 是一个快速、兼容性强而且简单的轻量级国产 PHP 开发框架。开发者有兴趣可系统地学习 ThinkPHP 框架,本节在原有的后台代码基础上介绍前台与后台的交互,以及如何通过后台代码实现对数据库的增加、删除、修改和查询。

8.2.1 API 实现前台与后台交互

首先看前几章中用到的 API 是怎么编写的,以 index.js 中的 current 为例,current()请求方法具体如图 8-16 所示。其中,请求对应的 URL 为 http://127.0.0.1/1/index.php/Api/User/current。

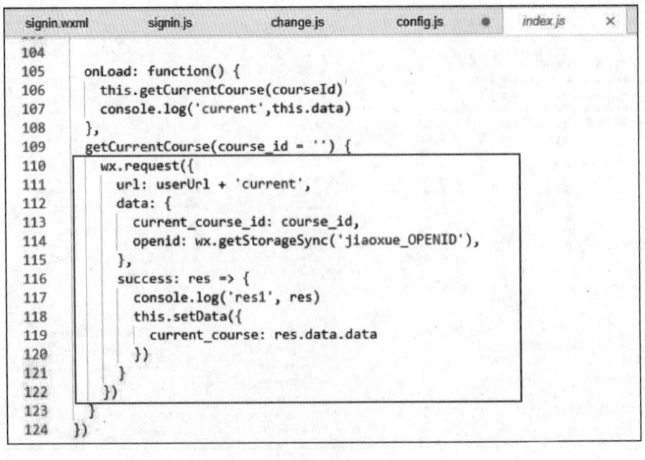

图 8-16 前端请求 current()方法

http://127.0.0.1/1 为服务器地址，index.php 为入口文件，Api/User/current 为 API 所在位置。Api/User/current 中，Api 为后台代码中目录名称，User 为 User Controller（控制器），current()为控制器中的方法。在后台代码中 current()方法的目录如图 8-17 所示。

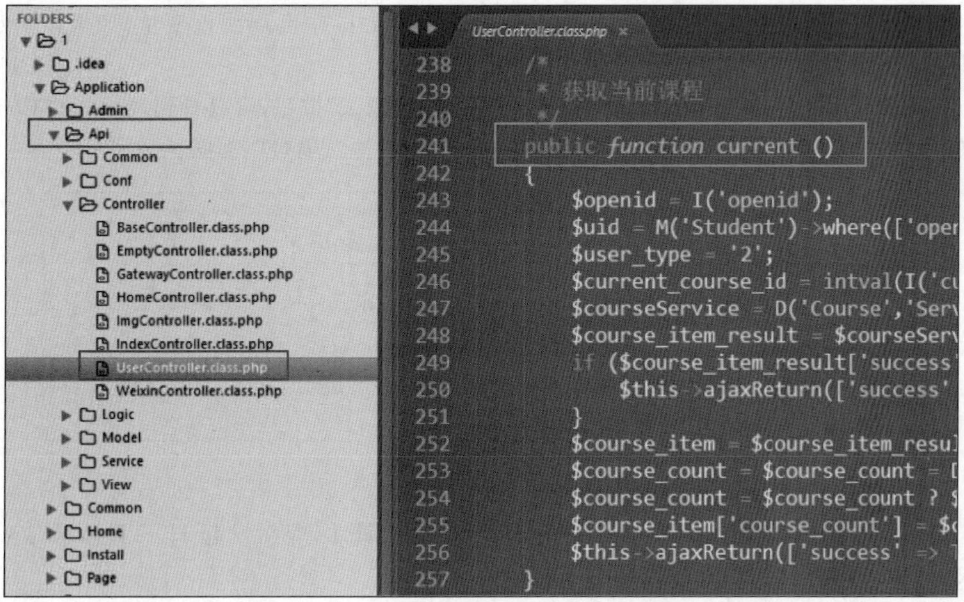

图 8-17　在后台代码中 current()方法的目录

在 UserController.class.php 的 current()方法后面增加一个新的 test()方法，简单实现前台与后台交互。前台与后台的交互其实是单向的，服务器不会主动向前台发送数据。也可以选择别的控制器而非 UserController，对此有兴趣的读者可自己修改。

在 PHP 中使用 ajaxReturn()方法返回数据，test()方法代码如下：

```
public function test()
{
    $this->ajaxReturn('测试通过');
}
```

注意：每次修改后台代码后都需要使用 Ctrl+S 快捷键保存修改后的文件。

在 myinfo.wxml 文件中添加一个 button，button 名为"测试"，该 button 对应的代码如下：

```
<button class="weui-btn" type="primary" bindtap='bindtest'>测试</button>
```

其中，bindtest 为事件触发函数。在 myinfo.js 文件中添加 bindtest()函数，在 bindtest()函数中，使用 wx.request({})访问后台代码中的 test()方法，该函数代码具体如下：

```
bindtest:function() {
  wx.request({
    url: userUrl + 'test',
    success:function(res) {
```

```
            console.log('请求结果', res)
          }
        })
      },
```

其中，userUrl 为从 config.js 中获取到的变量，在 index.js 中已声明该变量，如果该函数写在其他页面则需要声明该变量。

代码都编写完后，重新编译小程序，单击首页中的"测试"按钮，可以看到调试器的 Console 中打印出来的返回值，在 data 数组中有后台返回的数据"测试通过"，如图 8-18 所示。

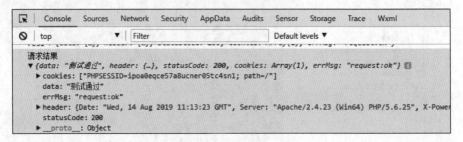

图 8-18　test()方法返回值

给 bindtest()函数中的 wx.request({})添加 data 属性，即在发起 HTTP 请求时，带参请求。修改后 bindtest()代码具体如下：

```
bindtest:function() {
  wx.request({
    url: userUrl + 'test',
    data: {
      'testA': 'A',
      'testB': 'B'
    },
    success:function(res) {
      console.log('请求结果', res)
    }
  })
},
```

在后台代码中，可以使用 I()方法获取到 HTTP 请求中的数据，可以加上参数，例如：I('参数名')。简单修改 test()方法，修改后的代码如下：

```
public function test()
{
    $data = [];
    $data['I()'] = I();
    $data["I('testA')"] = I('testA');
    $this->ajaxReturn($data);
}
```

test()方法中，首先定义了一个 data 数组，其中 data 数组中 I()的值为 I()方法获取到的 HTTP 请求中所有的参数，而 data 数组中 I('testA')的值则为 I()方法获取到的 HTTP

请求中 testA 的值。单击"测试"按钮,可以看到调试器中打印出来的值如图 8-19 所示。

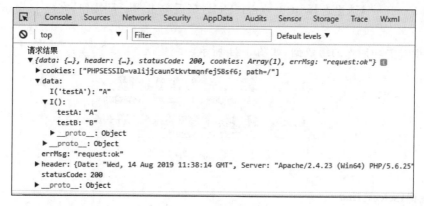

图 8-19 带参请求返回值

通过上述操作,简单实现了前台与后台的交互。

8.2.2 数据库的增加、删除、修改和查询

在后台开发中,数据库也是不可或缺的一部分,例如 doudouyun 项目中,题库信息、做题记录、注册信息等都需要存储在数据库中。thinkphp 封装的数据库操作方法详见 https://www.kancloud.cn/manual/thinkphp/1761。本节主要介绍如何使用 PHP 实现数据库的增加、删除、修改和查询。

首先需要在 pingshifen 中新建一个数据表,命名为 pingshifen_test,如图 8-20 所示。该数据表主要有 3 个字段,其中 id 字段一般所有表都需要,类型选择 INT,并勾选 A_I 使其自增。其他字段按需建立,因为测试用,字段名不需要有意义,类型与长度也应该按需设置,这里加了 field1 和 field2 两个字段,类型选择 TEXT,长度/值为 256。

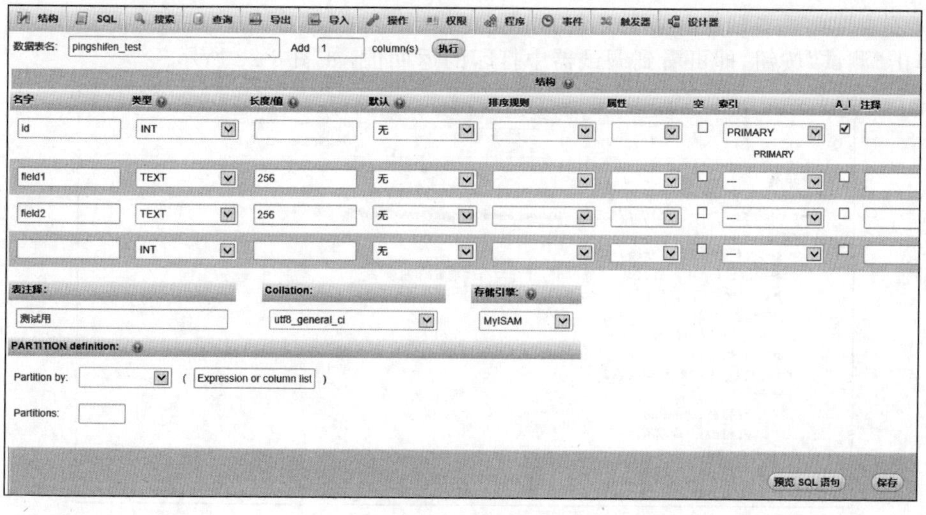

图 8-20 新建 pingshifen_test 数据表

下方的 Collation 代表该数据表的字符集，如果需要支持中文存储，则选择 utf8_ ****或 utf8mb4_ *****，这里选择 utf8_general_ci。最后单击"执行"按钮，完成 pingshifen_test 的新建。

给数据表手动插入两组数据，如图 8-21 所示。

图 8-21　手动插入两组数据

1. 查询（select、find）

数据库查询语句有 select 和 find 两种，区别在于 select 会返回所有满足 where 条件的数据，而 find 只返回满足 where 条件的第一条数据。其中，where() 接收一个数组作为查询参数，一个数组中可以有多个参数。

在 test() 方法中，使用 select 语句查询 pingshifen_test 数据表中的所有数据以及 id 为 1 的数据，存放在 data 数组中，返回前端。test() 方法具体代码如下：

```
public function test()
{
    $data = [];
    //实例化数据表以供操作,可用 D('test'),括号中为数据表名
    $TEST = M('test');
    //无条件查询,查询所有记录
    $data['select_result1'] = $TEST -> select();
    //查询 id 字段为 1 的数据
    $data['select_result2'] = $TEST -> where(['id' => 1]) -> select();
    $this -> ajaxReturn( $data);
}
```

单击"测试"按钮，即可看到调试器中打印的返回值，如图 8-22 所示。

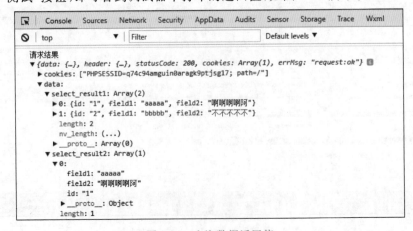

图 8-22　查询数据返回值

2. 增加(add)

数据库中使用 add 增加记录,add()接收一个数组作为参数,数组内容为将要插入数据表的值。在 test()方法中,使用 add 为 pingshifen_test 数据表添加一条记录,具体代码如下:

```
public function test()
{
    $data = [];
    $TEST = M('test');
    $add_data = [
        'field1' =>'你好,世界',
        'field2' =>'hello world'
    ];
    //执行插入操作,如果成功,则返回值为插入的数据对应的主键
    $data['add_result'] = $TEST -> add( $add_data);
    $this -> ajaxReturn( $data);
}
```

单击"测试"按钮,即可看到调试器中打印的返回值,如图 8-23 所示。

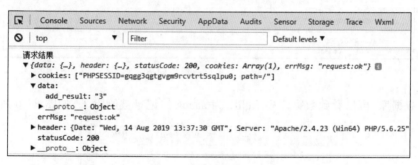

图 8-23 增加数据返回值

打开数据库,可以看到数据库中也增加了一条 id 为 3、field1 为"你好,世界"、field2 为 hello world 的记录,如图 8-24 所示。

图 8-24 数据库记录增加

3. 删除(delete)

数据库中使用 delete 删除记录,在 test()方法中,使用 delete 为 pingshifen_test 数据表删除一条记录,具体代码如下:

```
public function test()
{
    $data = [];
    $TEST = M('test');
    $where = [
        'field1' => 'aaaaa'
    ];
    $data['del_result'] = $TEST->where($where)->delete();
    //上面方法等同于下面注释语句
    $this->ajaxReturn($data);
}
```

单击"测试"按钮,即可看到调试器中打印的返回值,其中返回值为删除的数据条数,如图 8-25 所示。

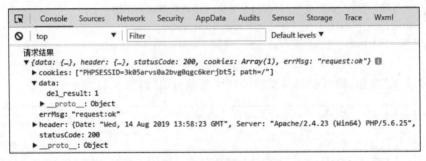

图 8-25　删除数据返回值

打开数据库,可以看到数据库中 field1 为 aaaaa 的记录被删除了,如图 8-26 所示。

图 8-26　数据库记录删除

4. 修改(save)

数据库中使用 save 修改记录,在 test() 方法中,使用 save 在 pingshifen_test 数据表中删除一条记录,具体代码如下:

```
public function test()
{
    $data = [];
    $TEST = M('test');
    $save_data = [
        'field1' => 123456
    ];
    $data['save_result'] = $TEST->where(['id' => 3])->save($save_data);
```

```
    $this->ajaxReturn($data);
}
```

单击"测试"按钮，即可看到调试器中打印的返回值，其中返回值为修改的数据条数，如图 8-27 所示。

图 8-27 修改数据返回值

打开数据库，可以看到数据库中 id 为 3 的记录，对应的 field1 的值变为 123456，如图 8-28 所示。

图 8-28 数据库记录修改

8.3 作业思考

一、讨论题

1. WampSever 安装时可能会遇到的问题以及解决方案是什么？
2. 搭建本地环境时，后台代码要放在哪里才能让代码在本地运行起来？
3. ThinkPHP 框架使用什么向前端返回数组？
4. 数据库查询语句中 find 和 select 的区别是什么？
5. M()方法的作用是什么？

二、单选题

1. 以下代码中（　　）可以单击后打开新页面 new.wxml（非 tab 页面），并且新页面带有返回箭头可以返回前一页。

　　A. <navigator url='pages/new/new' open-type='redirect'></navigator>

　　B. <navigator url='pages/new/new' open-type='switchTab'></navigator>

　　C. <navigator url='pages/new/new' open-type='navigate'></navigator>

　　D. <navigator url='pages/new/new' open-type='reLaunch'></navigator>

2. 已知网络请求时 url 参数值是 https://www.test.com，data 参数值是 key:'123456'，以及 location:'shanghai'，那么用浏览器模拟测试时地址栏需要输入（　　）。

    A. https://www.test.com?key=123456&location=shanghai

    B. https://www.test.com?key=123456,location=shanghai

    C. https://www.test.com/key=123456&location=shanghai

    D. https://www.test.com/key=123456&location=shanghai

3. 在下载文件时,如果服务器没有响应,会(　　)。

    A. 进入 success 回调函数,获得 statusCode 为 200

    B. 进入 success 回调函数,获得 statusCode 为 404

    C. 进入 fail 回调函数

    D. 超时无响应,不执行后续代码

4. 小程序使用 wx.getNetworkType(OBJECT)获取网络类型,以下(　　)不属于获取的网络类型有效值。

    A. unknown   B. none   C. wifi   D. null

5. 以下(　　)可以用于监听用户截屏行为。

    A. wx.listenUserCaptureScreen()

    B. wx.onUserCaptureScreen()

    C. wx.hearUserCaptureScreen()

    D. wx.captureUserCaptureScreen()

6. 如果 $data=M('test'),可以实现删除 test 表中的所有数据的是(　　)。

    A. $data->delete('1');

    B. $data->where('1')->delete();

    C. $data->delete();

    D. $data->where('status=0')->delete();

7. 根据以下代码可以插入一条 uid 值为 2513141 的记录的是(　　)。

```
$User = M("User");           //实例化 User 对象
$data['uid'] = '2513141';
```

    A. $User->add($data);

    B. $ajax_result=add($data);

    C. add($data);

    D. $add($data);

8. 以下关于 $User = M("User")(实例化 User 对象)说法不正确的是(　　)。

    A. M()函数是 TP 内置的实例化方法,使用 M()函数不需要创建对应的模型类

    B. M('Data')实例化以后就可以直接对 Data 函数进行操作

    C. M()函数是一种直接在底层操作的 Model 类

    D. M()函数不具有基本的增加、删除、修改和查询操作方法

9. $User = M("homeworkStatistics");
    $User->where('type=1 AND status=1')->select()

最后生成的 SQL 语句是(　　)。

    A. SELECT * FROM pingshifen_homeworkstatistics WHERE type=1 AND status=1

    B. SELECT * FROM pingshifen_homeworkstatistics WHERE type=1

    C. SELECT * FROM pingshifen_homeworkstatistics WHERE status=1

    D. SELECT * FROM pingshifen_homeworkstatistics

10. $User = M("homeworkstatistics");

    $condition['name'] = 'thinkphp';

    $condition['status'] = 1;

    $User->where($condition)->select();

最后生成的SQL语句是（　　）。

    A. SELECT * FROM think_homeworkstatistics WHERE 'name'='thinkphp' AND condition=1

    B. SELECT * FROM think_homeworkstatistics WHERE 'condition'='thinkphp' AND status=1

    C. SELECT * FROM think_homeworkstatistics WHERE 'condition'='thinkphp' OR condition=1

    D. SELECT * FROM think_homeworkstatistics WHERE 'name'='thinkphp' AND status=1

第9章

接口开发与云平台

> 失败固然痛苦,但更糟糕的是从未去尝试。
>
> ——西奥多·罗斯福

曾经有一位国王名叫费迪南,他有十个儿子,有一天他决定从中选择一个儿子来继承他的王位。因此他偷偷地让一位大臣在一条两侧是溪水的路上放置一块巨石,任何人想要通过这条路都必须面临这块巨石的挑战。

国王吩咐他的儿子依次想办法通过这条路,然后回来告诉自己跨越巨石的方法。第一个儿子说:"我身上绑了绳子,做好安全措施之后从巨石上爬了过去。"

第二个儿子说:"我是走的水路,划船就可以了。"

第三个儿子说:"我让人给我造了楼梯,轻轻松松就过来了。"

只有小儿子说:"我是直接跑过去的。"

国王问他:"你没有受到巨石的阻拦吗?"小王子回答:"这块巨石看着吓人,但是我一推,它就掉水里了。""你怎么会想到去推它的呢?"国王好奇地问道。"我不过是想试一试罢了。"小王子回答。

原来,这是一块用特殊材料做的巨石,其实很轻,国王是想找一个勇于尝试的人来治理国家。

同样地,在学习中,我们也要善于动脑,勇于尝试新技术。第8章中搭建了本地环境,并简单地学习了前台与后台的交互以及数据库的增加、删除、修改和查询。本章在doudouyun项目基础上,开发一个查看做题情况的API,然后介绍云平台。本书的云平台使用的是新浪云。小程序在正式发布后,如果用户要正常使用其中的功能,后台代码以及数据库放在本地服务器上是不可以的,需要将它们放在云服务器上。

9.1 查看做题情况API开发

本节在了解前台与后台简单交互以及数据库的增加、删除、修改和查询基础上,开发一个完整、有意义的API,用于查看做题情况。做题情况主要包括总做题数、正确题数、单选题数、多选题数以及判断题数。

9.1.1 做题情况页面布局

明确查看做题情况的功能需求后,先完成做题情况页面基本布局,然后右击 my 目录,在弹出的快捷菜单中选择"新建 Page"命令,新建 Page 并命名为 statistic,完成做题情况页面的创建。

做题情况页面主要用于显示总做题数、正确题数、单选题数、多选题数以及判断题数。样式选择 WeUI 样式库中表单→list 对应的带说明的列表项。将该样式对应的代码复制至 doudouyun 项目的 statistic.wxml 文件中,并修改标题文字,修改后 statistic.wxml 中代码具体如下:

```
<view class = "weui-cells weui-cells_after-title">
  <view class = "weui-cell">
    <view class = "weui-cell__bd">总做题数</view>
    <view class = "weui-cell__ft">说明文字</view>
  </view>
  <view class = "weui-cell">
    <view class = "weui-cell__bd">正确题数</view>
    <view class = "weui-cell__ft">说明文字</view>
  </view>
  <view class = "weui-cell">
    <view class = "weui-cell__bd">单选题数</view>
    <view class = "weui-cell__ft">说明文字</view>
  </view>
  <view class = "weui-cell">
    <view class = "weui-cell__bd">多选题数</view>
    <view class = "weui-cell__ft">说明文字</view>
  </view>
  <view class = "weui-cell">
    <view class = "weui-cell__bd">判断题数</view>
    <view class = "weui-cell__ft">说明文字</view>
  </view>
</view>
```

做题情况页面基本布局如图 9-1 所示。

在 myinfo.wxml 文件中添加一个 button 组件,按钮名称为"查看做题情况",并给该 button 添加 bindtap 属性,触发函数名为 bind_statistic,具体代码如下:

```
<button class = "weui-btn" type = "primary" bindtap = 'bind_statistic'>查看做题情况</button>
```

该 button 的主要作用是实现 myinfo 页面到 statistic 页面的带参跳转,参数为 uid,uid 的值对应的是 userinfo 中的用户 id。在后面查看做题情况 API 主要通过 uid 来查找每个学生的做题情况。myinfo.js 中 bind_statistic() 函数的代码具体如下:

```
bind_statistic:function(){
```

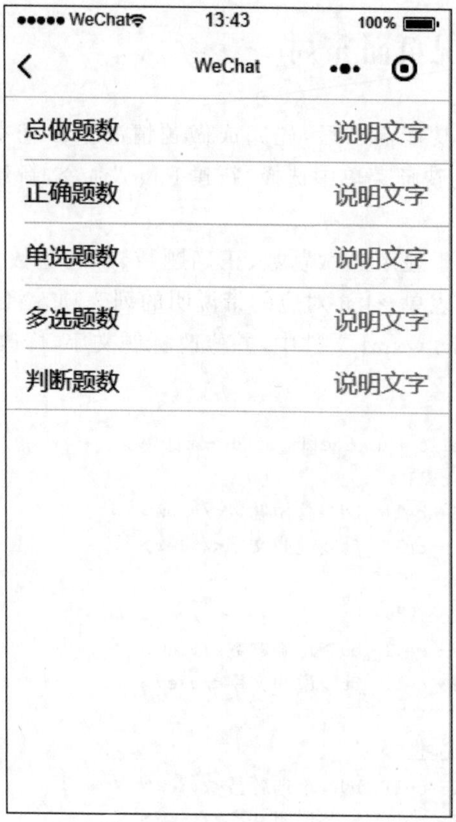

图 9-1 做题情况页面基本布局

```
wx.navigateTo({
  url:'./statistic?uid = ' + this.data.userinfo.id,
})
},
```

9.1.2 新建数据表

新建一张名为 pingshifen_homework_statistics 的数据表用作存储每个用户的做题情况。该数据表共有 6 个字段,其中,由于是以每个用户为单位,因此设置 uid 为主键,uid 对应的索引选择 PRIMARY。另外 5 个字段分别对应用户做对的题数、做错的题数、单选题数、多选题数和判断题数,如图 9-2 所示。

因为存储内容均为整数,因此 6 个字段的类型均选择 INT,长度如果不设置则默认为 11;PRIMARY 为主键,为不可重复项,类似于每个人的身份证号不可重复,并且是一对一的关系;如果字段需要存储中文,Collation 需要选择 utf8,常用 utf8_general_ci。单击右下角的"保存"按钮,即完成数据表的新建,如图 9-3 所示。

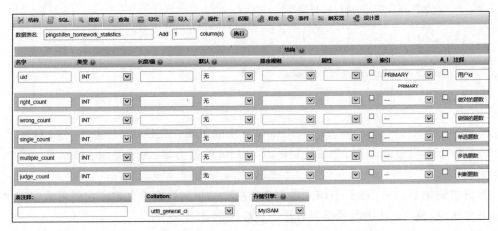

图 9-2　新建 pingshifen_homework_statistics 数据表

#	名字	类型	排序规则	属性	空	默认	注释	额外
1	uid	int(11)			否	无	用户id	
2	right_count	int(11)			否	无	做对的题数	
3	wrong_count	int(11)			否	无	做错的题数	
4	single_count	int(11)			否	无	单选题数	
5	multiple_count	int(11)			否	无	多选题数	
6	judge_count	int(11)			否	无	判断题数	

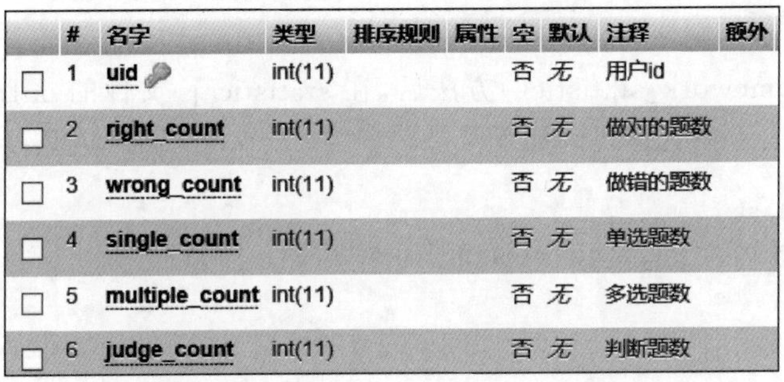

图 9-3　pingshifen_homework_statistics 数据表结构

9.1.3　获取做题情况 API 开发

在后台代码的 UserController 中添加 get_homework_statistic()方法，该方法的代码具体如下：

```
/*
 * 读取做题情况
 */
public function get_homework_statistic ()
{
    $uid = I('uid');
    //合法性判断
    if (!$uid) {
        $this->ajaxReturn('uid 参数错误');
    }
    //数据存储
    $STATISTIC = M('homeworkStatistics');
    $selectData = $STATISTIC->where(['uid' => $uid])->find();
    if (empty($selectData)) {
```

```
            //如果不存在,则执行更新操作
            $this->ajaxReturn($this->update_homework_statistic());
        } else {
        //否则更新原有数据
            $this->ajaxReturn($selectData);
        }
    }
```

下面简单介绍 get_homework_statistic()方法的逻辑。先使用 I()方法获取 HTTP 请求中的参数 uid,再对 uid 进行合法性判断,如果 uid 的值为零,则通过 ajaxReturn 返回"uid 参数错误"。

然后实例化 homeworkStatistics 数据表,注意,这里的数据表名称一定要跟数据库中数据表名称对应,M()方法中的数据表名称为驼峰式命名。

使用 find()方法查询数据表中满足 uid 的值等于 HTTP 请求中 uid 的值这个条件的第一条记录,并赋值给 selectData。如果 selectData 为空,则执行更新操作(更新做题情况 API 会在 9.1.4 节介绍),否则使用 ajaxReturn 返回 selectData。

编写完 get_homework_statistic()方法后,在 statistic.js 文件的 onLoad()函数中请求这个 API。statistic.js 的具体代码如下:

```
//pages/my/statistic.js
const userUrl = require('../../config.js').userUrl
Page({

  /**
   * 页面的初始数据
   */
  data: {
    statistic:{},
    uid:undefined

  },

  /**
   * 生命周期函数：监听页面加载
   */
  onLoad:function (options) {
    let that = this
    this.setData({
      uid: options.uid
    })
    if(this.data.uid == undefined){
      return
    }
    wx.request({
      url: userUrl + 'get_homework_statistic',
      data:{
        'uid': that.data.uid
```

```
            },
            success:function(res){
                that.setData({
                    'statistic': res.data
                })
                console.log('HTTP 返回结果',res)
            },
            fail:function(res){
                console.log('请求失败',res)
            }
        })
    },
})
```

其中，myinfo 页面带参数 uid 跳转至 statistic 页面，可以在 statistic.js 文件 onLoad()函数的 options 中找到 uid 的值。使用 wx.request({})请求获取做题情况 API，请求参数为 uid，将成功返回值赋值给 statistic 变量。

9.1.4　更新做题数据 API 开发

本节主要分为两部分：一部分是后台更新做题数据 API 的开发；另一部分是前端代码的完善，在前端实现 API 的调用。

1．后台 API 开发

在后台代码的 UserController 中添加 update_homework_statistic()方法，该方法的代码具体如下：

```
/*
 *统计做题情况
 */
public function update_homework_statistic ()
{
    $ uid = I('uid');
    //合法性判断
    if (! $ uid) {
        $ this->ajaxReturn('uid 参数错误');
    }
    $ data['uid'] = $ uid;
    //实例化数据表
    $ RECORD = M('questionRecord');
    //查询做对题数
    $ data['right_count'] = $ RECORD->where(['uid' => $ uid, 'result' => 1])->count();
    //查询做错题数
    $ data['wrong_count'] = $ RECORD->where(['uid' => $ uid, 'result' => 2])->count();
    //查询判断题数
    $ data['judge_count'] = $ RECORD
```

```php
        ->join('pingshifen_question_bank ON pingshifen_question_bank.id = pingshifen_question_record.qid')                     //自然连接
        ->where(['uid' => $uid, 'pingshifen_question_bank.type' => 1])
                                                //type = 1 代表判断题
        ->count();
    //查询单选题数
    $data['single_count'] = $RECORD
        ->join('pingshifen_question_bank ON pingshifen_question_bank.id = pingshifen_question_record.qid')                     //自然连接
        ->where(['uid' => $uid, 'pingshifen_question_bank.type' => 2])
                                                //type = 2 代表单选题
        ->count();
    //查询多选题数
    $data['multiple_count'] = $RECORD
        ->join('pingshifen_question_bank ON pingshifen_question_bank.id = pingshifen_question_record.qid')                     //自然连接
        ->where(['uid' => $uid, 'pingshifen_question_bank.type' => 3])
                                                //type = 3 代表多选题
        ->count();

    //数据存储
    $STATISTIC = M('homeworkStatistics');
    $save_data = $STATISTIC->create($data);        //生成符合数据库格式的数组
    $existed = $STATISTIC->where(['uid' => $uid])->find();
    if (empty($existed)) {
        //如果不存在,则新增数据
        $STATISTIC->add($save_data);
    } else {
        //否则更新原有数据
        $STATISTIC->where(['uid' => $uid])->save($save_data);
        //这里的 where 部分可以省略,因为 data 中存在 uid,即主键
    }
    $this->ajaxReturn($data);
}
```

在 update_homework_statistic() 方法中,对需要存储在 pingshifen_homework_statistics 数据表中的 right_count、wrong_count、single_count、multiple_count 和 judge_count 赋值,并将数据存储至数据表中。

1) right_count 与 wrong_count

要获取做对题数和做错题数,主要从 pingshifen_question_record 数据表中使用 count() 方法获取。pingshifen_question_record 数据表中每条做题记录所包含的字段(即数据表结构)如图 9-4 所示。

在 pingshifen_question_record 数据表中以整型数值来存放用户提交的选项以及正确答案,如图 9-5 所示。其中 16 对应 A 选项,32 对应 B 选项,64 对应 C 选项,128 对应 D 选项。对于多选题就是将 A、B、C、D 选项对应的数字相加,例如正确答案为 ABD,那么存在数据表中为 176(即 16+32+128)。

#	名字	类型	排序规则	属性	空	默认	注释	额外
1	id	int(10)			否	无		AUTO_INCREMENT
2	uid	int(10)			否	无	学生用户id	
3	cid	int(11)			否	无		
4	qid	int(10)			否	无	课程题目id	
5	choose	int(6)			否	无	提交选项	
6	answer	int(6)			否	无	正确答案	
7	result	tinyint(2)			否	无	回答正确or错误 1正确 2错误	
8	status	varchar(2)	utf8_general_ci		否	1		
9	gmt_create	bigint(15)			否	无		
10	gmt_modified	bigint(15)			否	无		

图 9-4 pingshifen_question_record 数据表结构

id	uid 学生用户id	cid	qid 课程题目id	choose 提交选项	answer 正确答案	result 回答正确or错误 1正确 2错误	status	gmt_create	gmt_modified
1	1	1	18827	64	240	2	1	1556267583	1556267583
2	1	1	18828	128	64	2	1	1556267584	1556267584
3	1	1	18829	64	16	2	1	1556267586	1556267586
4	1	1	18830	64	128	2	1	1556267587	1556267587
5	1	1	18831	16	32	2	1	1556267588	1556267588
6	1	1	18832	64	64	1	1	1556267589	1556267589
7	1	1	18833	32	16	2	1	1556267590	1556267590
8	1	1	18834	16	16	1	1	1556267591	1556267591
9	1	1	18835	32	32	1	1	1556267592	1556267592
10	1	1	18836	32	64	2	1	1556267593	1556267593
11	1	1	18837	64	32	2	1	1556267594	1556267594
12	1	1	18838	64	80	2	1	1556267597	1556267597
13	1	1	18839	32	16	2	1	1556267909	1556267909
14	1	1	18840	16	32	2	1	1556267910	1556267910
15	1	1	18841	16	128	2	1	1556267911	1556267911

图 9-5 做题记录数据表

获取做对题数，根据条件为 uid 的值等于当前用户 id，且 result=1，在 pingshifen_question_record 数据表中使用 count()方法计算。获取做错题数基本一样，只是 result=2 为做题错误对应的记录。

2）single_count、multiple_count 与 judge_count

获取做题记录中的单选题数、多选题数和判断题数需要联合两张表，pingshifen_question_record 数据表中无法判断所做题目属于哪种类型的题目，题目类型信息可以从 pingshifen_question_bank 数据表中获取，该数据表结构如图 9-6 所示。

表中的 type 字段对应的就是题目类型，type=1 对应判断题，type=2 对应单选题，type

#	名字	类型	排序规则	属性	空	默认	注释	额外
1	id	int(10)			否	无		AUTO_INCREMENT
2	set_id	int(6)			否	无	题库集合id	
3	chapter_id	int(11)			否	无	题目章节、知识点	
4	type	tinyint(2)			否	无	题目类型 1 判断 2单选 3多选	
5	content	text	utf8_general_ci		否	无	题干	
6	media_id	int(10)			否	0	图片、视频资源等id 0 表示无	
7	option_a	varchar(200)	utf8_general_ci		否	无		
8	option_b	varchar(200)	utf8_general_ci		否	无		
9	option_c	varchar(200)	utf8_general_ci		否	无		
10	option_d	varchar(200)	utf8_general_ci		否	无		
11	answer	int(4)			否	无	正确答案	
12	analysis	text	utf8_general_ci		否	无		
13	status	tinyint(2)			否	1		
14	gmt_create	bigint(15)			否	无		
15	gmt_modified	bigint(15)			否	无		

图 9-6 pingshifen_question_bank 数据表结构

=3 对应多选题。id 字段对应的是题目 id, 在 pingshifen_question_record 数据表中, qid 就是题目 id, 可以通过每条记录中的 qid 找到 pingshifen_question_bank 数据表中 id 值与其相同的题目, 得到每条记录对应的分题目类型。这里需要用到自然连接。

判断题题数等因为在数据表中没有直接的数据, 但是 qid 对应 question_bank 中的 id, 而 question_bank 中存有题目类型(type)数据, 因此也需要用到自然连接。

自然连接分为内连接、左外连接、右外连接和全连接。

(1) 内连接(inner join on/join on)。

内连接查询返回满足条件的所有记录, 默认情况下若没有指定任何连接则为内连接, 例如:

SELECT pingshifen_question_record.*,pingshifen_question_bank.type
FROM pingshifen_question_bank
JOIN pingshifen_question_record ON pingshifen_question_bank.id = pingshifen_question_record.qid

(2) 左外连接(left join on)。

左外连接查询不仅返回满足条件的所有记录, 而且还会返回不满足连接条件的连接操作符左边表的其他行, 例如:

SELECT pingshifen_question_record.*,pingshifen_question_bank.type
FROM pingshifen_question_bank
LEFT JOIN pingshifen_question_record ON pingshifen_question_bank.id = pingshifen_question_record.qid

(3) 右外连接(right join on)。

右外连接查询不仅返回满足条件的所有记录,而且还会返回不满足连接条件的连接操作符右边表的其他行,例如:

```
SELECT pingshifen_question_record. * ,pingshifen_question_bank.type
FROM pingshifen_question_bank
RIGHT JOIN pingshifen_question_record ON pingshifen_question_bank.id = pingshifen_question_record.qid
```

(4) 全连接(full join on)。

全连接查询不仅返回满足条件的所有记录,而且还会返回不满足连接条件的其他行,例如:

```
SELECT pingshifen_question_record. * ,pingshifen_question_bank.type
FROM pingshifen_question_bank
FULL JOIN pingshifen_question_record ON pingshifen_question_bank.id = pingshifen_question_record.qid
```

以 judge_count 为例,查询判断题数的具体代码如下:

```
//查询判断题数
$ data['judge_count'] = $ RECORD
    ->join('pingshifen_question_bank ON pingshifen_question_bank.id = pingshifen_question_record.qid')                          //自然连接
    ->where(['uid' => $ uid, 'pingshifen_question_bank.type' => 1])   //type = 1 代表判断题
    ->count();
```

single_count 和 multiple_count 对应的查询语句类似,只是将查询条件中 type 的值改为 2 和 3。

将获取的 right_count、wrong_count、single_count、multiple_count 和 judge_count 值存在 data 数组中,然后使用 create()方法生成符合数据库格式的数组,并存入 pingshifen_homework_statistics 数据表中。

2. 前端代码完善

编写完 update_homework_statistic()方法后,在 statistic.wxml 文件中添加一个 button 用于更新做题数据,具体代码如下:

```
< button class = "weui - btn" type = "primary" bindtap = 'bind_update_statistic'>更新做题情况</button >
```

其中,bind_update_statistic()函数代码具体如下:

```
bind_update_statistic:function(){
  let that = this
  if (this.data.uid == undefined) {
    return
  }
  wx.request({
```

```
            url: userUrl + 'update_homework_statistic',
            data: {
              'uid': that.data.uid
            },
            success:function (res) {
              that.setData({
                'statistic': res.data
              })
              console.log('HTTP 返回结果', res)
            },
            fail:function (res) {
              console.log('请求失败', res)
            }
          })
        },
```

编写完后，重新编译 doudouyun 项目，单击“查看做题情况”按钮，可以看到调试器中打印出后台返回值，如图 9-7 所示。

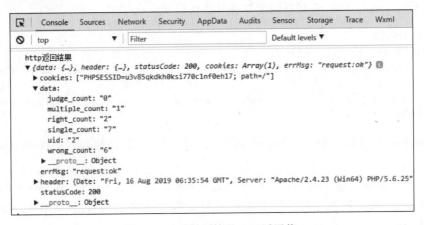

图 9-7　查看做题情况 API 返回值

同时，可以看到数据库中 pingshifen_homework_statistics 表中成功插入了对应的一条记录，如图 9-8 所示。

←T→	uid 用户id	right_count 做对的题数	wrong_count 做错的题数	single_count 单选题数	multiple_count 多选题数	judge_count 判断题数
编辑 复制 删除	2	2	6	7	1	0

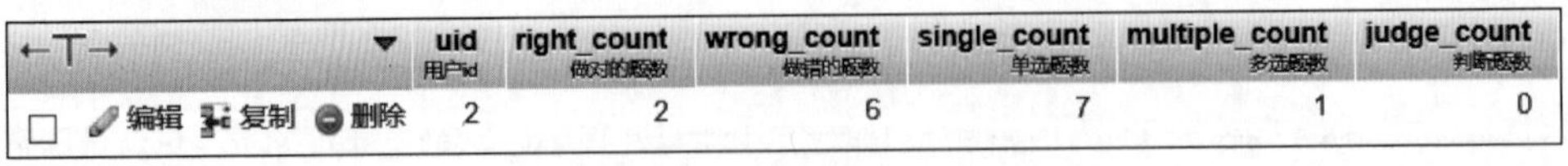

图 9-8　做题记录插入成功

把请求返回值显示在 statistic 页面，其中总做题数＝正确题数＋错误题数，修改后 statistic. wxml 代码如下：

```
<view class = "weui - cells weui - cells_after - title">
  <view class = "weui - cell">
    <view class = "weui - cell__bd">总做题数</view>
    <view class = "weui - cell__ft">{{statistic.right_count * 1  +  statistic.wrong_count * 1}}
```

```
    </view>
  </view>
  <view class = "weui-cell">
    <view class = "weui-cell__bd">正确题数</view>
    <view class = "weui-cell__ft">{{statistic.right_count}}</view>
  </view>
  <view class = "weui-cell">
    <view class = "weui-cell__bd">单选题数</view>
    <view class = "weui-cell__ft">{{statistic.single_count}}</view>
  </view>
  <view class = "weui-cell">
    <view class = "weui-cell__bd">多选题数</view>
    <view class = "weui-cell__ft">{{statistic.multiple_count}}</view>
  </view>
  <view class = "weui-cell">
    <view class = "weui-cell__bd">判断题数</view>
    <view class = "weui-cell__ft">{{statistic.judge_count}}</view>
  </view>
</view>
<button class = "weui-btn" type = "primary" bindtap = 'bind_update_statistic'>更新做题情况
</button>
```

重新编译后，单击"查看做题情况"按钮，进入做题情况页面，如图 9-9 所示。在课程练习模块再做几道题目，进入做题情况页面，单击"更新做题情况"按钮，可以看到数据得到了更新，如图 9-10 所示。

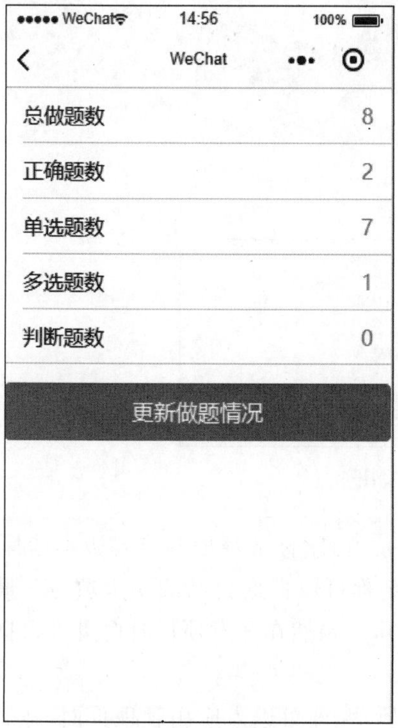

图 9-9　查看做题情况结果

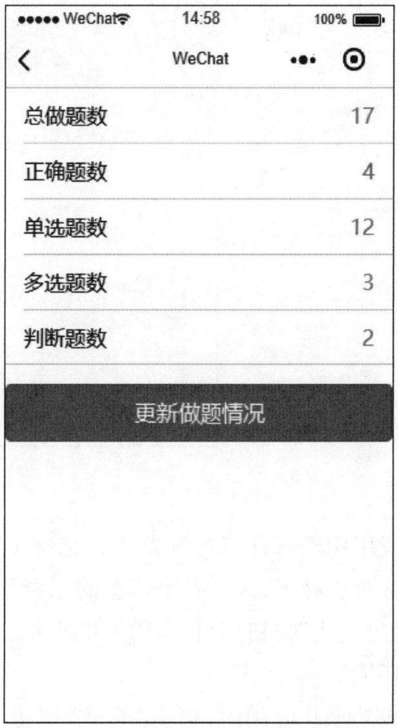

图 9-10　更新做题情况结果

9.2 新浪云环境配置

要完成新浪云端的云服务器的配置,需要先注册一个新浪云的账号,注册地址为 http://www.sinacloud.com/public/login/inviter/gaimrn-mddmzeKWrhKW3rYGuga99nomufozQdg.html。

9.2.1 创建新浪云应用

注册完新浪云账号后,登录新浪云,进入首页后,单击"控制台",选择"云应用 SAE"选项,如图 9-11 所示。

单击"创建应用"按钮,创建新应用,如图 9-12 所示。

图 9-11 新浪云首页

图 9-12 创建新应用

应用中部署环境的开发语言选择 PHP,运行环境选择"标准环境",语言版本选择 5.6,代码管理选择 SVN。应用信息的二级域名和应用名称可以根据自己的要求填写。最后单击"创建应用"按钮即可完成应用创建,如图 9-13 所示。当然在开发项目时也可以根据需求部署环境。

成功创建应用后,单击"管理"按钮,如图 9-14 所示,即可进入应用管理页面,并实现对所创建的应用进行一系列的管理。

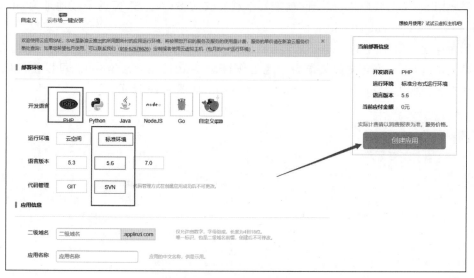

图 9-13　自定义应用

图 9-14　进入创建的应用

9.2.2　代码版本管理

新浪云的一个应用中可以创建多个版本,单击创建的应用,进入应用,并找到"代码管理",即可对代码的版本进行管理。创建应用时,选择使用 SVN 进行代码管理。因此,在代码管理中,可以查看 SVN 仓库信息,如图 9-15 所示。

图 9-15　进入代码管理

要使用 SVN 对代码进行管理,就需要下载并安装 SVN。SVN 的下载地址为 https://tortoisesvn.net/downloads.html。

下面详细介绍使用 TortoiseSVN 向新浪云部署代码。

第一步,创建一个新文件夹作为本地工作目录(Working directory)。可以使用应用名为文件夹名。例如,为 jiaoxue6 创建本地工作目录,如图 9-16 所示。

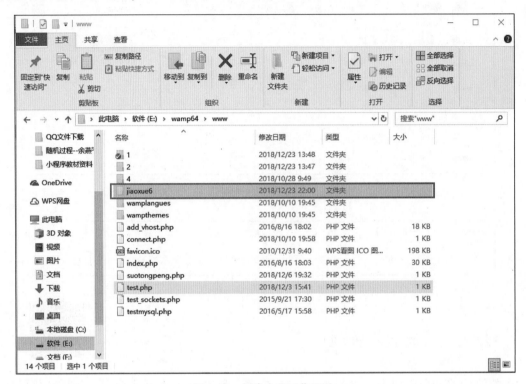

图 9-16　创建本地工作目录

第二步,进入 jiaoxue6 的文件夹,从新浪云的 SVN 仓库检出(checkout)一个应用的其中一个版本的代码,如图 9-17 所示,右击,在弹出的快捷菜单中选择 SVN Checkout 命令。

在弹出的对话框中填写仓库路径即可,这里是 https://svn.sinacloud.com/jiaoxue6/1,对应的是 jiaoxue6 应用中代码的第一个版本,如图 9-18 所示。

Reversion 栏中,HEAD revision 是指最新版,也可以指定 Revision 为任意一个版本。单击 OK 按钮检出新浪云中的代码,如图 9-19 所示。

然后将提供的后台代码放在 jiaoxue6 的文件夹目录下,替换检出的代码。替换完后,回到 jiaoxue6 所在的目录,右击,在弹出的快捷菜单中选择 SVN Commit 命令,如图 9-20 所示。

在弹出的对话框中单击 All 按钮,全选文件上传,单击 OK 按钮,即可将后台代码上传至新浪云,如图 9-21 所示。

第9章 接口开发与云平台

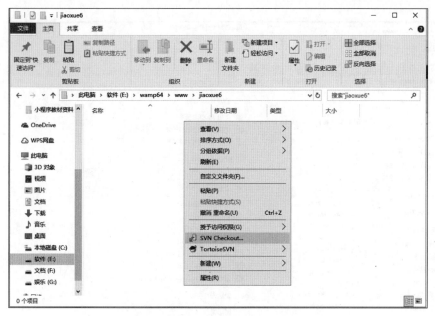

图 9-17　选择 SVN Checkout 命令

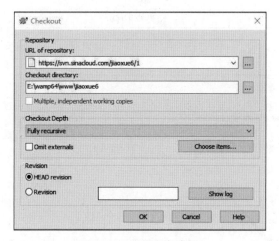

图 9-18　填写仓库路径

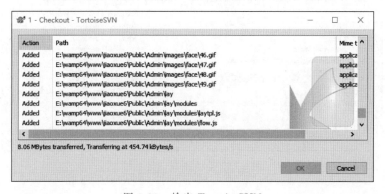

图 9-19　检出 TortoiseSVN

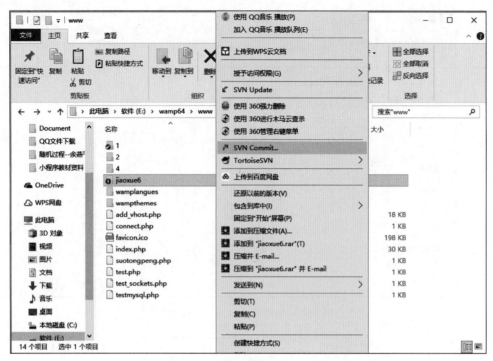

图 9-20　选择 SVN Commit 命令

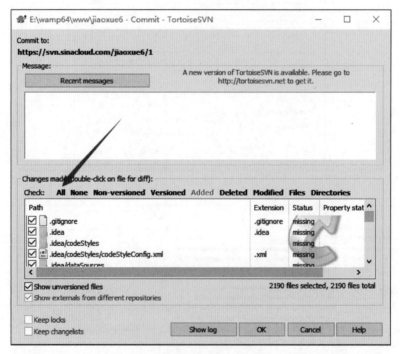

图 9-21　全选所有文件上传

9.2.3 开启共享型 MySQL 服务

将后台代码上传至新浪云后,还需要在新浪云创建一个数据库,选择"共享型 MySQL",打开服务开关,开启共享型 MySQL 服务,如图 9-22 所示。

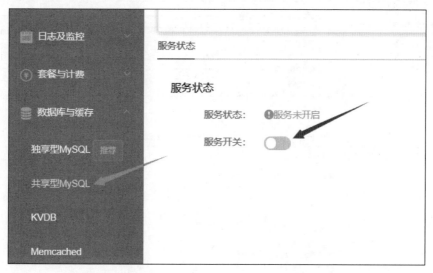

图 9-22 开启共享型 MySQL 服务

单击"使用 phpMyAdmin 管理"进行数据库的管理,如图 9-23 所示。

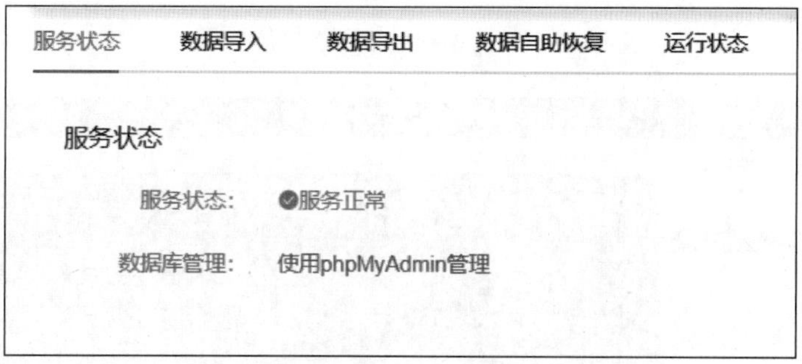

图 9-23 管理数据库

进入后选择"导入",单击"浏览"按钮,导入提供的 pingshifen.sql 数据库文件,如图 9-24 所示。这里也可以选择自己本地导出的数据库,这样数据库里就有自己的数据,不需要从头操作一遍。选择文件后,单击"执行"按钮即可。

成功导入数据库后,回到共享型 MySQL 服务页面,查看数据库连接信息,如图 9-25 所示。

其中,数据库连接信息是用于将后台代码与数据库进行连接,因此对于之前使用 SVN 上传至新浪云的后台代码,需要修改数据库连接文件,使其与数据库成功相连。代码目录为 Application/Common/Conf/config_sae.php。将数据库名、用户名与密码改为开启的数据库服务的数据库信息,具体请看图 9-26。

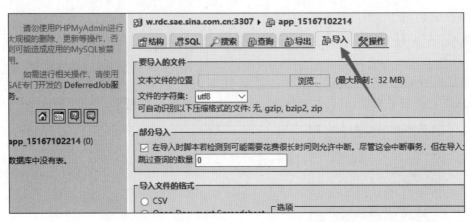

图 9-24　导入数据库

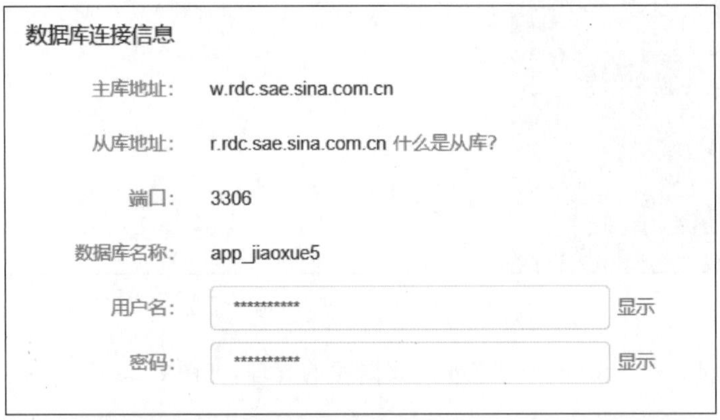

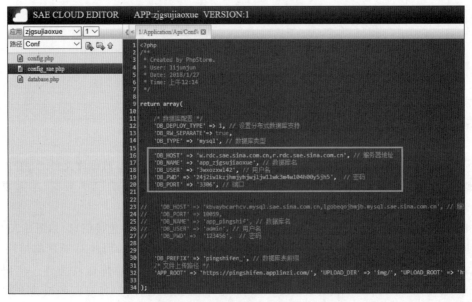

图 9-25　查看数据库连接信息

图 9-26　修改数据库连接信息

这样，新浪云上的环境就部署完了，然后只要改一下微信开发者工具中的内容，将 doudouyun 项目中 config.js 的 apiUrl 对应的域名改成自己的新浪云服务器的域名，例如，本案例新建应用 jiaoxue6，后台代码放在 jiaoxue6 应用中代码版本 1 中，那么对应将 apiUrl 改为 http://1.jiaoxue6.applinzi.com/index.php/Api，如图 9-27 所示。

```
/**
 * 小程序配置文件
 */
var apiUrl = "http://1.jiaoxue6.applinzi.com/index.php/Api"
// var apiUrl = "http://127.0.0.1/1/index.php/Api"
var appid = "wx5dc062a984add7f5"

var config = {
  //  下面的地址配合云端 Server 工作
  apiUrl,
  appid,
  wxUrl: `${apiUrl}/Weixin/`,
  userUrl: `${apiUrl}/User/`,
  courseId:10016
};

module.exports = config
```

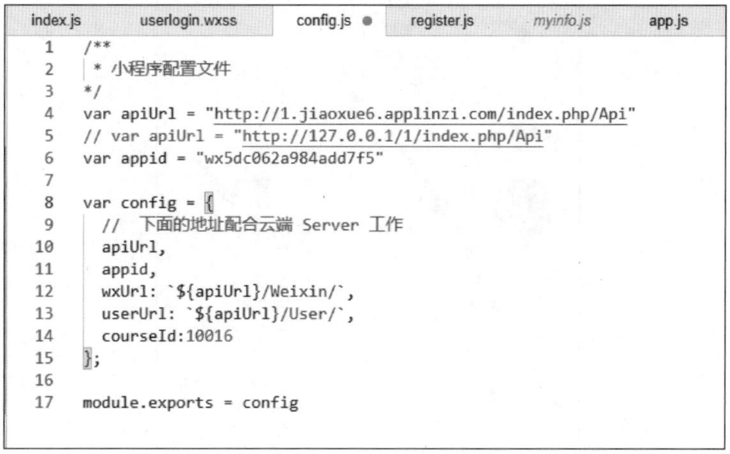

图 9-27　修改 config.js 中的 apiUrl

新浪云应用域名即为代码管理中的版本访问链接，如图 9-28 所示。

版本	版本访问链接
1 默认版本	http://1.jiaoxue5.applinzi.com http://jiaoxue5.applinzi.com https://jiaoxue5.applinzi.com

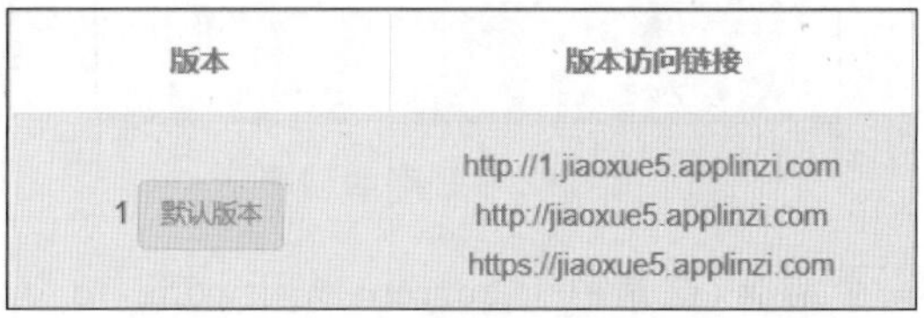

图 9-28　查看云服务器域名

由于后台代码中使用了云缓存，因此需要开启数据库与缓存中的 Memcached 服务。这样新浪云上的后台才能真正运行起来，如图 9-29 所示。

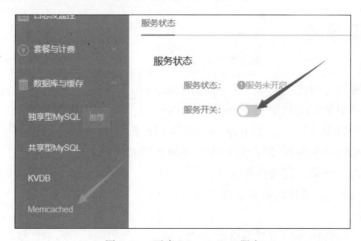

图 9-29　开启 Memcached 服务

单击"编译"按钮后,发现还有点问题,如图 9-30 所示。

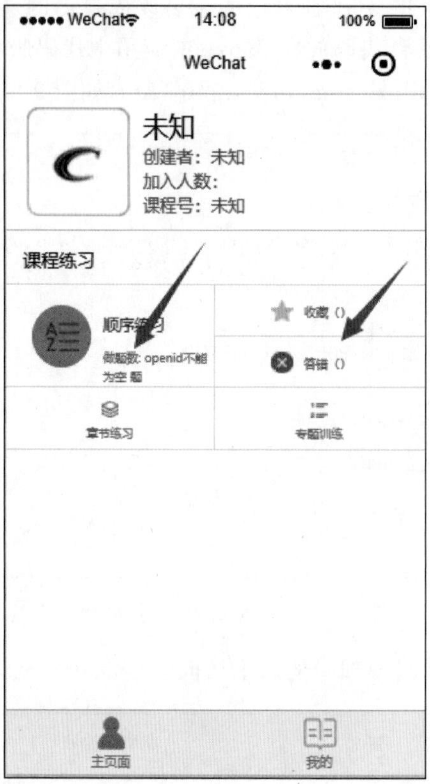

图 9-30 小程序的问题

这是本项目存在的一个漏洞,这是由于 current 先于 code_to_openidv2 执行,所以第一次 current 并没有 openid 传给它,所以存在问题,读者可以自己尝试改一改,这里只要再单击一次"编译"按钮就没有问题了。有兴趣的读者可以自行查询 promise 的用法,相关网址为 https://www.imooc.com/learn/949。

9.3 作业思考

一、讨论题

1. 查看做题情况的按钮放在 index 页面和 myinfo 页面,js 代码有何区别?
2. 后台代码中如何实例化 pingshifen_homework_statistic 数据表?
3. 数据库语句中 left join 和 right join 的区别是什么?
4. 模仿正确题数的查找,思考后台代码如何查找总做题数。
5. 为什么需要将后台代码传至云端?
6. 管理代码与 git 管理代码的优缺点是什么?

二、单选题

1. 以下( )代码可以用于拨打电话给 10086。

A. wx.makePhoneCall({
　　phoneNumber:'10086'
　})

B. wx.makePhoneCall({
　　phoneCall:'10086'
　})

C. wx.makePhoneCall({
　　telNumber:'10086'
　})

D. wx.makePhoneCall({
　　telCall:'10086'
　})

2. (　　)域名符合小程序网络请求的域名配置要求。

　A. https://localhost
　B. http://www.test.com
　C. https://www.test.com
　D. https://210.45.192.101

3. 关于带有网络请求的小程序,以下描述不正确的是(　　)。

　A. 必须把域名地址配置到白名单中才能在微信开发者工具中运行
　B. 必须联网状态下才能实现请求
　C. 域名地址尚未配置也可以在开发者工具中运行,但需要勾选"不检验合法域名"复选框
　D. 域名地址尚未配置不可以正式发布线上版本

4. 已知小程序中网络请求的语法结构如下:

```
wx.request({
  url:'...',
  data:{
      ...
  },
  success:function(res){
      ...
  }
})
```

其中关于参数 data 的描述不正确的是(　　)。

　A. data 是必填内容,不可以删除
　B. data 的大括号内部可以空着,不填写任何内容
　C. data 的大括号内部可以填写一个或多个"名称/值"
　D. data 是用于为请求的地址附带请求参数的

5. 关于学习小程序网络请求时的服务器情况,以下说法不正确的是(　　)。

　A. 可以是自己搭建的服务器
　B. 可以是第三方服务器
　C. 后端语言不限,可以是 PHP、Node.js 或 Java 等
　D. 后端必须搭配 MySQL 数据库

6. 以下正确表达 id >= 100 的查询条件是(　　)。

　A. $map['id'] = array('egt',100);
　B. $map['id'] = array('neq',100);
　C. $map['id'] = array('lt',100);

D. $map['id'] = array('gt',100);

7. URL 为 https：//zjgsujiaoxue.applinzi.com/index.php/Api/User/current，其中 Api/User/current 代表（　　）。

　　A. Api/User/current 是 API 位置　　　B. Api/User/current 是文件入口位置
　　C. Api/User/current 是服务器位置　　D. Api/User/current 是控制器位置

8. 以下关于 delete 方法的叙述错误的是（　　）。

　　A. $User->where('1')->delete();　　　//删除表中所有数据
　　B. $User->where('id=5')->delete();　　//删除 id 为 5 的用户数据
　　C. $User->delete('1,2,5');　　　　　　//删除第 1,2,5 行的用户数据
　　D. $User->where('status=0')->delete();　//删除所有状态为 0 的用户数据

9. 关于以下快捷查询的方法实现的查询条件是（　　）。

$User = M("homeworkStatistics");
$map['uid|course_id'] = '251314';
//把查询条件传入查询方法
$User->where($map)->select();

　　A. uid|course_id = '251314'
　　B. uid = 'thinkphp' AND course_id <> '251314'
　　C. uid = 'thinkphp' AND course_id = '251314'
　　D. uid = 'thinkphp' OR course_id = '251314'

10. 关于以下"$map['status&score&title']=array('1',array('gt','0'),'wechat','_multi'=>true);"实现的查询条件是（　　）。

　　A. status = 1 AND score > 0 AND title = 'wechat'
　　B. status > 0 AND score > 0 AND title > 0
　　C. status = 1 AND score > 0 AND title = 'true'
　　D. status = 1 AND score >= 0 AND title = 'wechat'

第三部分

提高篇

第10章

初始云开发及实战

> 雄关漫道真如铁,而今迈步从头越。
>
> ——毛泽东

《东坡志林》里有这样一个故事：一个收藏家有一幅出自唐代大画家戴嵩之手的《斗牛图》,视若珍宝,时常取出炫耀观赏。有一次,一位农民看到了,在一旁窃笑。那人斥道:"你笑什么? 你也懂画?!"农民说:"我虽然不懂画,牛可是看得多了。牛在打架时,力气用在角上,它的尾巴都搐进两腿之间。可这画上的牛,正斗得起劲,而它们的尾巴却都翘了起来。画错了,所以我觉得好笑!"

实践才能出真知,小程序开发能力的提升不能纸上谈兵,也离不开实战的锻炼。

本章主要讲解如何使用云开发开发微信小程序。与第9章的云平台相比,使用云开发开发小程序无须搭建服务器,即可使用云端能力。云开发为开发者提供完整的云端支持,弱化后端和运维概念,无须搭建服务器,使用平台提供的 API 进行核心业务开发,即可实现快速上线和迭代,同时这一能力,同开发者已经使用的云服务相互兼容,并不互斥。

10.1 我的第一个云开发小程序

本节主要介绍新建一个云开发项目,并简单介绍云开发控制台。

10.1.1 新建云开发项目

打开微信 Web 开发者工具,选择"新建项目",输入自己的 AppID,在"后端服务"栏选择"小程序云开发"单选按钮,如图 10-1 所示,再单击"新建"按钮即可。

新建完成后的页面如图 10-2 所示。可以看到主要差别为 cloudfunctions 和 miniprogram 这两个目录。cloudfunctions 为云函数目录,在该目录下可以添加云函数,类似于后台的方法;在 miniprogram 目录下存放了与之前相同的所有前台代码文件。

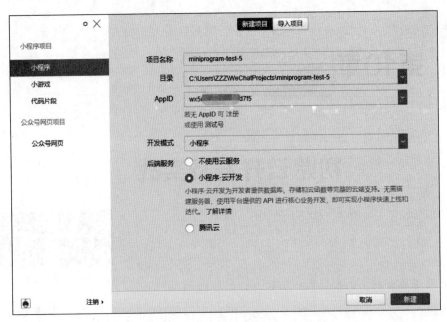

图 10-1　选择云开发

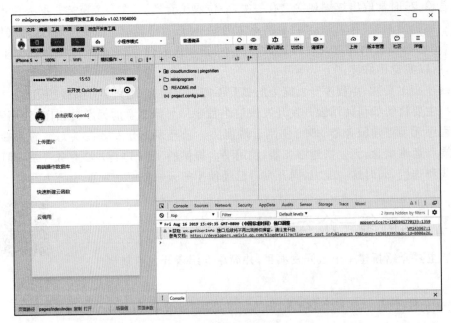

图 10-2　云开发页面

10.1.2　开通云开发

单击左上角的"云开发"按钮,将会弹出开通云开发的选项,选择开通云开发之后云开发控制台如图 10-3 所示。

第10章 初始云开发及实战

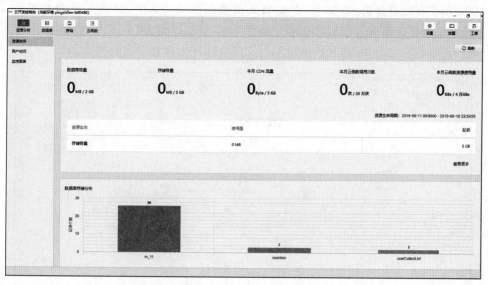

图 10-3 云开发控制台

在开通云开发时,会提示创建环境,环境名称由用户自己填写即可,环境 ID 会自动生成,如图 10-4 所示。这里新建的环境相当于之前新浪云平台上创建的应用,作为后台的容器。

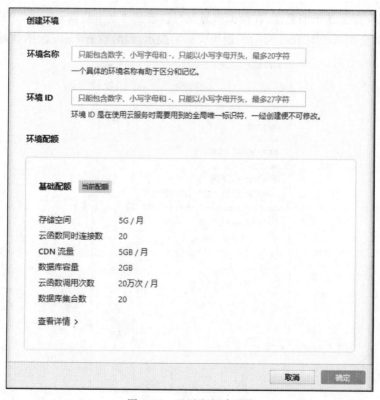

图 10-4 云开发新建环境

209

在菜单栏有运营分析、数据库、存储和云函数四部分。其中，数据库页面如图10-5所示，云开发的数据库以集合的概念代替之前数据库中表的概念，单击左侧"集合名称"或者"＋"可以创建新的集合，云开发数据库同时支持直接导入或者导出数据库。

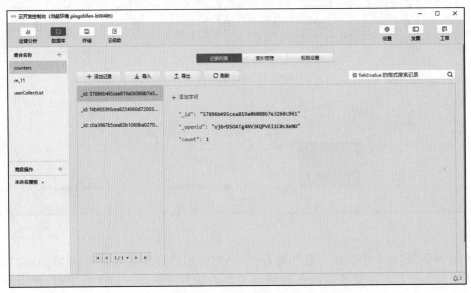

图10-5　云开发数据库页面

首先熟悉一下云函数的概念，在模拟器界面可以看到"点击获取openid"字样，单击"点击获取openid"后会出现如图10-6所示的调用失败的提示，提醒检查login云函数是否已部署。

图10-6　login云函数调用失败

由此可知在调用云函数时,首先需要对云函数进行部署。双击打开 cloudfunctions 目录,右击 login,在弹出的快捷菜单中选择"上传并部署:云端安装依赖(不上传 node_modules)",上传并部署 login 云函数,如图 10-7 所示。

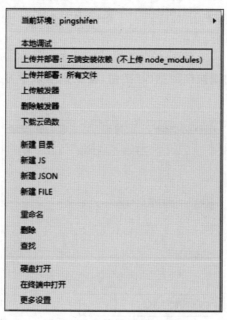

图 10-7 上传并部署云函数

部署完后,可以在云开发控制台上的云函数列表中找到所部署的 login 函数,如图 10-8 所示。

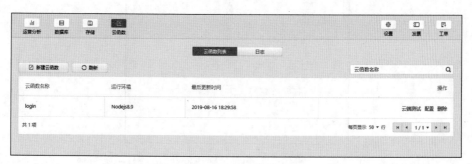

图 10-8 云函数列表

重新编译代码,单击"点击获取 openid",即可成功调用云函数获取 openid。

10.2 云开发数据库指引

云开发提供了一个 JSON 数据库,顾名思义,数据库中的每条记录都是一个 JSON 格式的对象。一个数据库可以有多个集合(相当于关系型数据中的表),集合可看作一个 JSON 数组,数组中的每个对象就是一条记录,记录的格式是 JSON 对象。

关系型数据库和 JSON 数据库的概念对应关系如表 10-1 所示。

表 10-1　关系型数据库和 JSON 数据库的概念对应关系

关系型数据库	JSON 数据库	关系型数据库	JSON 数据库
数据库(database)	数据库(database)	行(row)	记录(record/doc)
表(table)	集合(collection)	列(column)	字段(field)

本节主要通过单击"前端操作数据库"按钮，根据提示来学习云开发中数据库的使用方法，如图 10-9 所示。

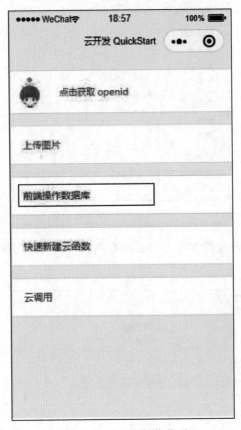

图 10-9　数据库操作指引

数据库操作大多需要用户 openid，所以需要单击"点击获取 openid"获取用户 openid，然后开始数据库操作的指引。

10.2.1　新建集合

打开云开发控制台，进入数据库管理页。单击"集合名称"或者"＋"创建集合，集合名为 counters，如图 10-10 所示。

图 10-10　创建 counters 集合

10.2.2　新增记录

单击"下一步"按钮，看到的第一个功能是新增一条记录，根据提示打开 pages/databaseGuide/databaseGuide.js 文件，定位到 onAdd()方法，将该方法中注释的代码解除注释。onAdd()方法代码具体如下：

```
onAdd:function () {
const db = wx.cloud.database()
  db.collection('counters').add({
    data: {
      count:1
    },
    success: res => {
      //返回结果中会包含新创建的记录的 _id
      this.setData({
        counterId: res._id,
        count:1
      })
      wx.showToast({
        title:'新增记录成功',
      })
      console.log('[数据库][新增记录] 成功,记录 _id: ', res._id)
    },
    fail: err => {
      wx.showToast({
        icon:'none',
        title:'新增记录失败'
      })
      console.error('[数据库][新增记录] 失败：', err)
    }
  })
},
```

onAdd()方法会往 counters 集合新增一个记录，新增如下格式的一个 JSON 记录：

{

```
"_id": "数据库自动生成记录 ID 字段",
"_openid": "数据库自动插入记录创建者的 openid",
"count": 1
}
```

单击"编译"按钮重新编译代码,单击"新增记录"按钮,即可在云开发→数据库→counters 集合中看到新增的记录,如图 10-11 所示。

图 10-11　数据库新增记录

在取消注释的代码中,const db = wx.cloud.database()表示设置一个变量名为 db,用来存储云开发数据库中的全部内容。db.collection('counters').add 表示对数据库中的 counters 集合进行 add,即添加记录的操作。

10.2.3　查询记录

单击"下一步"按钮,体验查询功能的实现。打开 pages/databaseGuide/databaseGuide.js 文件,定位到 onQuery()方法,将该方法中注释掉的代码解除注释。onQuery()方法代码具体如下:

```
onQuery:function() {
  const db = wx.cloud.database()
  //查询当前用户所有的 counters
  db.collection('counters').where({
    _openid:this.data.openid
  }).get({
    success: res => {
      this.setData({
        queryResult:JSON.stringify(res.data, null, 2)
      })
      console.log('[数据库][查询记录] 成功: ', res)
    },
    fail: err => {
      wx.showToast({
        icon:'none',
        title:'查询记录失败'
      })
```

```
        console.error('[数据库][查询记录]失败：', err)
      }
    })
  },
```

重新编译代码，单击"查询记录"按钮，onQuery()方法会被触发。查询结果如图 10-12 所示。

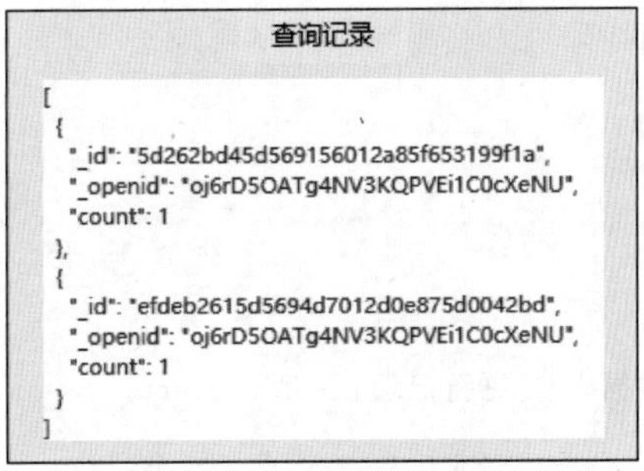

```
查询记录
[
  {
    "_id": "5d262bd45d569156012a85f653199f1a",
    "_openid": "oj6rD5OATg4NV3KQPVEi1C0cXeNU",
    "count": 1
  },
  {
    "_id": "efdeb2615d5694d7012d0e875d0042bd",
    "_openid": "oj6rD5OATg4NV3KQPVEi1C0cXeNU",
    "count": 1
  }
]
```

图 10-12　数据库查询结果

在这一段代码中，db.collection('counters').where({_openid：this.data.openid}).get 中的 where 表示查询的条件，get 表示返回满足 where 条件的全部记录。stringify 表示记录显示的格式。

10.2.4　更新记录

单击"下一步"按钮，体验更新记录功能。打开 pages/databaseGuide/databaseGuide.js 文件，定位到 onCounterInc() 和 onCounterDec() 方法，将这两种方法中注释掉的代码取消注释，这两种方法具体代码如下：

```
onCounterInc:function() {
  const db = wx.cloud.database()
  const newCount = this.data.count + 1
  db.collection('counters').doc(this.data.counterId).update({
    data: {
      count: newCount
    },
    success: res => {
      this.setData({
        count: newCount
      })
    },
    fail: err => {
      icon:'none',
      console.error('[数据库][更新记录]失败：', err)
    }
  })
},
```

```
onCounterDec:function() {
  const db = wx.cloud.database()
  const newCount = this.data.count - 1
  db.collection('counters').doc(this.data.counterId).update({
    data: {
      count: newCount
    },
    success: res => {
      this.setData({
        count: newCount
      })
    },
    fail: err => {
      icon:'none',
      console.error('[数据库][更新记录]失败: ', err)
    }
  })
},
```

onCounterInc()和onCounterDec()方法分别是一个减号按钮和一个加号按钮对应的事件触发函数，单击"+"按钮，将数字加至6，打开云开发控制台，可以看到数据库counters集合中的最新一条记录中的count值变为了6，如图10-13所示。因此可以得知，前一段代码为加逻辑，后一段代码为减逻辑，其中const newCount=this.data.count+1即定义了一个新变量使得count值加1，const newCount=this.data.count-1即定义了一个新变量使得count值减1。

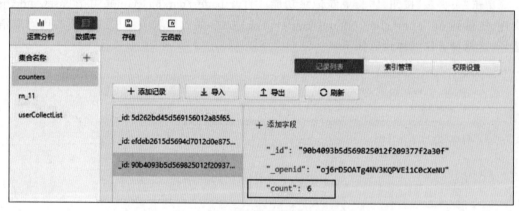

图10-13　数据库记录更新

10.2.5　删除记录

单击"下一步"按钮，体验删除记录功能。打开pages/databaseGuide/databaseGuide.js文件，定位到onRemove()方法。onRemove()方法的代码具体如下：

```
onRemove:function() {
  if(this.data.counterId) {
    const db = wx.cloud.database()
    db.collection('counters').doc(this.data.counterId).remove({
      success: res => {
        wx.showToast({
          title:'删除成功',
        })
        this.setData({
          counterId:'',
          count:null,
        })
      },
      fail: err => {
        wx.showToast({
          icon:'none',
          title:'删除失败',
        })
        console.error('[数据库][删除记录]失败: ', err)
      }
    })
  }else {
    wx.showToast({
      title:'无记录可删,请见创建一个记录',
    })
  }
},
```

重新编译代码,由于每次重新编译代码都需要重新执行一次新增记录,因此在删除记录执行之前,数据库中有 4 条记录。单击"删除记录"按钮,打开云开发控制台,可以看到数据库还有 3 条记录,如图 10-14 所示。

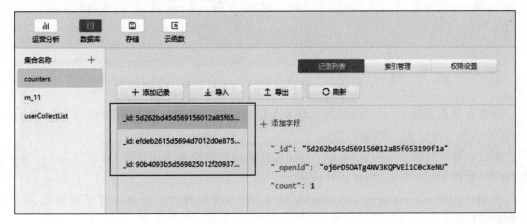

图 10-14　删除数据库记录

10.3 快速新建云函数

云函数是一段运行在云端的代码,无须管理服务器,在开发工具内编写、一键上传部署即可运行后端代码。

小程序内提供了专门用于云函数调用的 API。开发者可以在云函数内使用 wx-server-sdk 提供的 getWXContext()方法获取每次调用的上下文(AppID、openid 等),无须维护复杂的鉴权机制,即可获取可信任的用户登录态(openid)。

本节主要通过单击"快速新建云函数"按钮(见图 10-15),根据云函数指引中的提示来学习云开发中如何定义云函数,如图 10-16 所示。

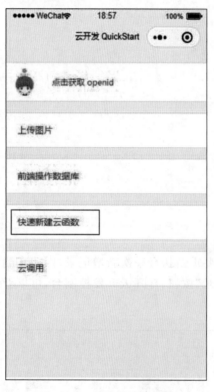

图 10-15　快速新建云函数

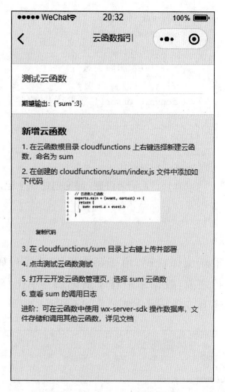

图 10-16　云函数指引

首先看到期望输出:{"sum":3},即本次新建的云函数将要实现的功能为单击上方的"测试云函数",得到 sum 值输出为 3。

在云函数根目录 cloudfunctions 上右击,在弹出的快捷菜单中选择"新建 Node.js 云函数"命令,如图 10-17 所示,并命名为 sum。

在创建的 cloudfunctions/sum/index.js 文件中,将原有的云函数入口函数删除,然后添加如下代码:

//云函数入口函数

```
exports.main = (event, context) => {
  console.log(event)
  console.log(context)
  return {
    sum: event.a + event.b
  }
}
```

可以直接在云函数指引页面，单击"复制代码"按钮进行代码的复制，如图 10-18 所示。

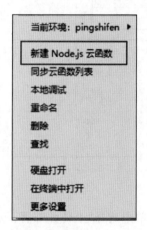

图 10-17　选择"新建 Node.js 云函数"命令

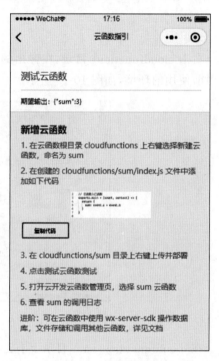

图 10-18　复制代码

sum 云函数相对比较简单，主要用来实现两数相加的功能，在 pages 下的 addFunction.js 文件中调用 sum 云函数，具体代码如下：

```
testFunction() {
  wx.cloud.callFunction({
    name:'sum',
    data: {
      a:1,
      b:2
    },
    success: res => {
      wx.showToast({
        title:'调用成功',
      })
      this.setData({
        result:JSON.stringify(res.result)
```

```
      })
    },
    fail: err => {
      wx.showToast({
        icon:'none',
        title:'调用失败',
      })
      console.error('[云函数][sum]调用失败：', err)
    }
  })
},
```

右击 cloudfunctions 目录，在弹出的快捷菜单中选择"当前环境"命令，在可选环境中选择当前使用的环境，如图 10-19 所示。

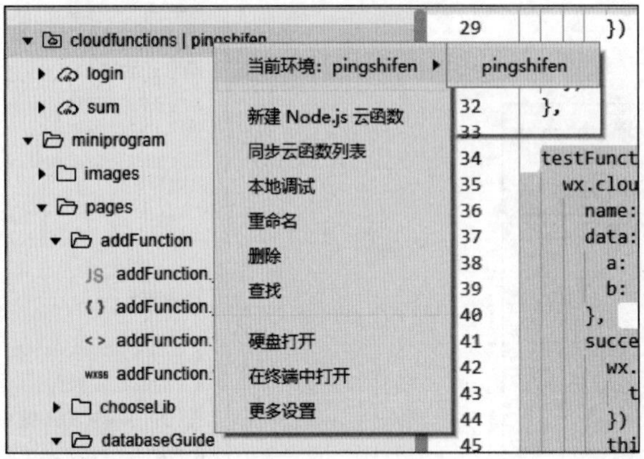

图 10-19　选择当前环境

在 cloudfunctions/sum 目录上右击，在弹出的快捷菜单中选择"上传并部署：云端安装依赖（不上传 node_modules）"命令，上传并部署 sum 云函数。

完成上述操作后，重新编译，单击"测试云函数"按钮，可以查看 sum 函数调用结果如图 10-20 所示。

图 10-20　sum 函数调用结果

10.4　云开发案例讲解

本节简单介绍本书团队开发的两个云开发小程序案例，分别是待办事项和听写好助手。

10.4.1 待办事项案例讲解

待办事项案例的功能类似于一个备忘录,本案例提供源代码,源代码可以在本书教学资料中下载,下载完成后解压缩代码包,在微信开发者工具中单击"导入项目"按钮,找到待办事项代码所在目录,并输入自己的 AppID,如图 10-21 所示。

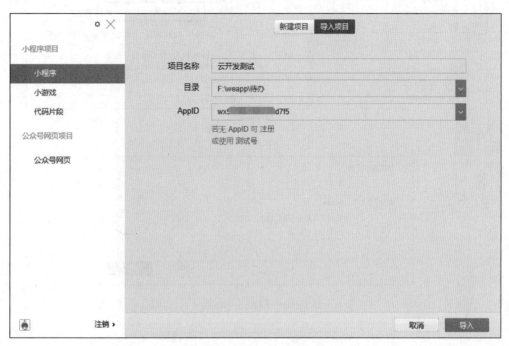

图 10-21　导入待办事项项目

导入后单击"编译"按钮,发现有报错,如图 10-22 所示。根据错误提示可以看到是因为数据库集合不存在。

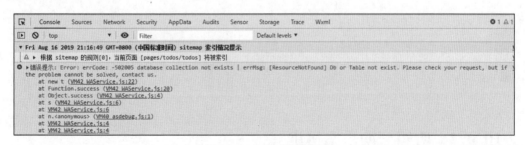

图 10-22　项目错误提示

查看 todo.js 页面代码后发现,该案例需要用到一个名为 todos 的数据库集合,如图 10-23 所示。因此需要在云开发控制台上创建一个新的集合,名为 todos,如图 10-24 所示,单击"确定"按钮即可完成 todos 集合的创建。

创建完成后重新编译代码,尝试输入一个事项,单击"添加"按钮即可,如图 10-25 所示。

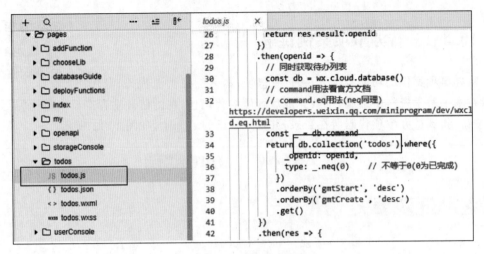

图 10-23　所需数据库集合

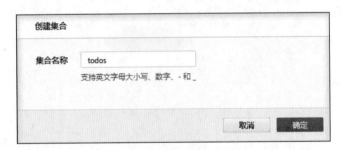

图 10-24　创建 todos 集合

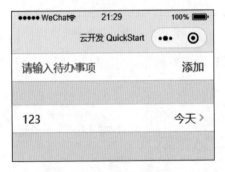

图 10-25　添加待办事项

10.4.2　听写好助手案例讲解

听写小助手案例是一个功能较为完备、可以投入使用的小程序，主要应用于小学生在线听写生字词的场景。源代码可以在本书教学资料中下载，下载完成后解压缩代码包，在微信开发者工具中单击"导入项目"按钮，找到听说好助手代码所在目录，并输入自己的 AppID。

听写好助手的代码中使用了微信同声传译的插件，这是由于听写好助手需要将存在数据库中的文字转换成语音，因此要让代码正常运行起来，需要登录微信公众平台，在设置→第三方设置→插件管理中，添加插件"微信同声传译"，添加插件后，如图10-26所示。

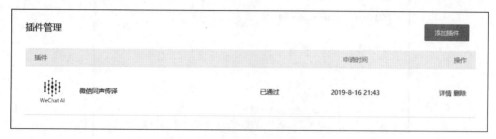

图10-26 添加插件"微信同声传译"

添加完插件后再进行重新编译，会发现还有报错，原因是云开发数据库里没有需要的课本对应的数据记录，因此需要进行数据库的导入。数据库文件可以在本书教学资料中下载，数据库文件具体如图10-27所示。其中，rn_11对应的是一年级上册的听写数据，rn_12对应的是一年级下册的听写数据，以此类推。

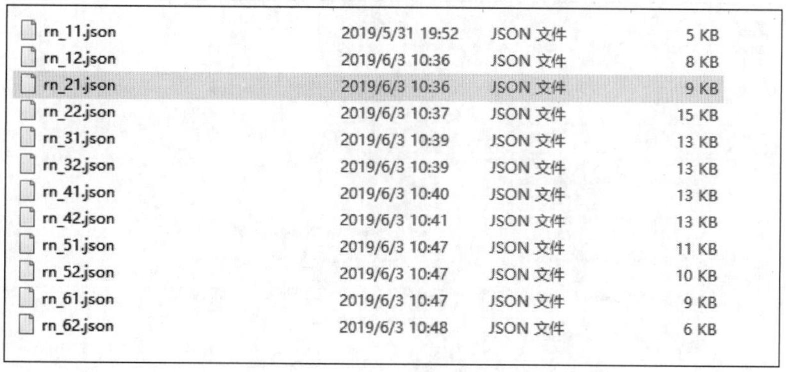

图10-27 数据库文件

打开云开发控制台→数据库，将数据库文件导入数据库。这里仅以rn_11为例，其他的操作类似。创建一个新的集合，命名为rn_11，单击"确定"按钮，如图10-28所示。

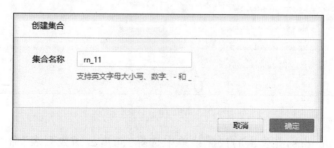

图10-28 创建rn_11集合

单击"导入"按钮，单击"选择文件"按钮，找到rn_11所在目录，导入rn_11集合，单击"确定"按钮，如图10-29所示。

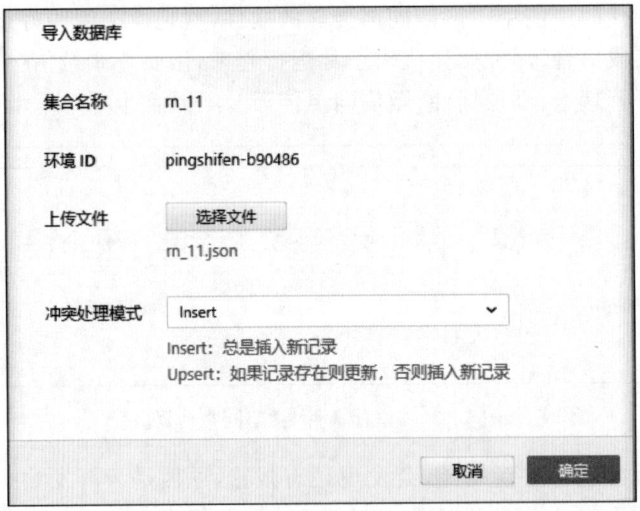

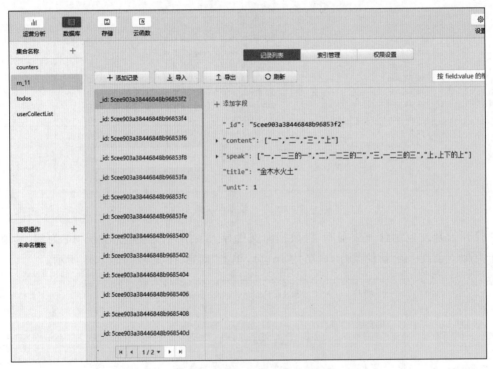

图 10-29　导入 rn_11 集合

rn_11 集合导入成功后，可以看到集合中每条记录所包含的字段，如图 10-30 所示。

图 10-30　完成 rn_11 集合导入

右击 cloudfunctions，在弹出的快捷菜单中选择"同步云函数列表"命令，如图 10-31 所示。完成同步云函数列表以及上传并部署 getContent 和 getUserCollectList 云函数操作，重新编译后选择一年级上册的书，即可实现听写功能。同样，导入剩余的数据库集合即可实现所有书册的听写功能。

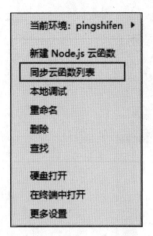

图 10-31　同步云函数列表

单击"语文部编版一年级上册",进入一年级上册听写单元,如图 10-32 所示。单击其中一个单元对应的铃铛,进入语音听写页面,如图 10-33 所示。

图 10-32　听写单元页面

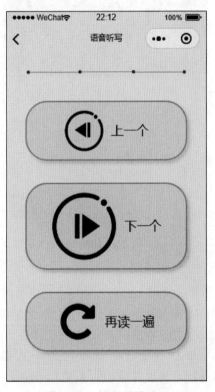

图 10-33　语音听写页面

单击"下一个"按钮,会弹出提示对话框,如图 10-34 所示,提示用户需要用录音功能。单击"确定"按钮,页面提示"正在播放",如图 10-35 所示,即可听到该单元第一个听写内容,语音内容可以在调试器中查看,如图 10-36 所示。

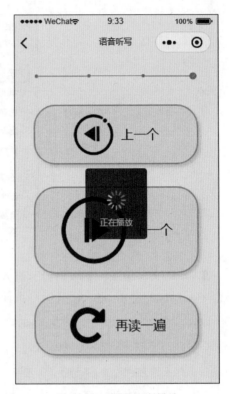

图10-34 提示使用录音功能　　　　图10-35 提示正在播放

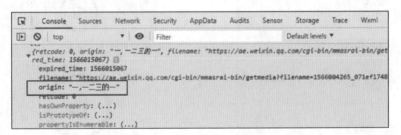

图10-36 语音内容查看

一直单击"下一个"按钮,直到出现校对页面,如图10-37所示,用户可以在这个页面自行校对听写结果的正误,例如,"二"字听写错误,可以单击左侧圆圈选择"二",再通过单击"提交错题"按钮记录错题,便于错题回顾。

单击"提交错题"按钮,发现一直提示"提交中",无法成功提交错题,如图10-38所示。打开校对页面对应的页面路径 pages/chooseBook/chooseLesson/detail/detail.js,找到错题提交对应的 submit() 函数,可以看到用到了 userCollectList 集合,如图10-39所示。但是云开发控制台中的数据库中还没有该集合,因此需要创建一个 userCollectList 集合,如图10-40所示。

重新编译代码,进入校对页面,单击"提交错题"按钮,即可成功提交错题,如图10-41所示。

成功提交后,可以看到数据库也相应地增加了一条错题记录,如图10-42所示。

第10章 初始云开发及实战

图 10-37 校对页面

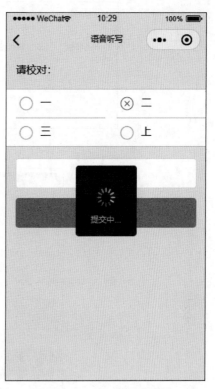

图 10-38 提交错题失败

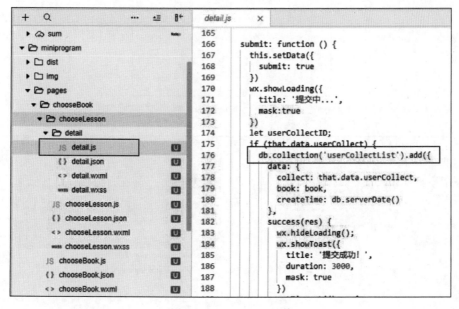

图 10-39 submit()函数

图 10-40　创建 userCollectList 集合

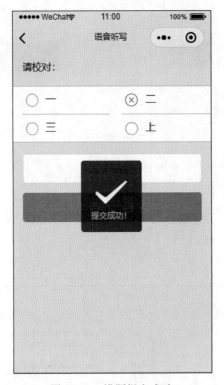

图 10-41　错题提交成功

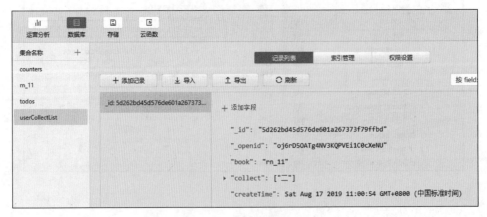

图 10-42　新增错题记录

回到首页，可以看到页面右下角有一个"错题"按钮，如图 10-43 所示。单击"错题"按钮，进入错题集列表选择页面，如图 10-44 所示。用户可以选择要查看哪个年级的错题，这里选择"一年级上册"，进入后发现页面一直在加载，无法正常显示，如图 10-45 所示。

图 10-43　首页中的"错题"按钮

图 10-44　错题集列表

图 10-45　错题页面加载中

这里需要修改云函数 getUserCollectList 目录下 index.js 中变量 env 的值，将其修改为自己的环境 ID，环境 ID 可以在云开发控制台→设置→环境设置中查看，如图 10-46 所示。

图 10-46　查看环境 ID

修改环境 ID，然后将云函数 getUserCollectList 再次同步到云函数列表并上传云函数，即可在主页面右下角的"错题"集合中找到之前提交的错题，如图 10-47 所示，通过后面对应的次数可以知道自己听写错误的次数。

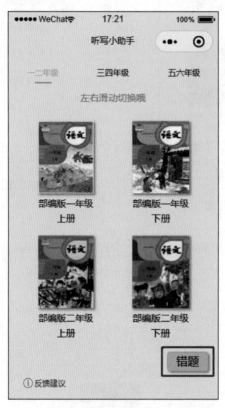

图 10-47　查看错题页面

10.5　作业思考

一、讨论题

1. 云开发提供的功能有哪些？
2. 云开发中提供的是什么类型的数据库？
3. 前端代码中是如何调用写好的云函数的？

4. 讨论对待办事项代码的理解。

5. 如何在代码中使用插件？

二、单选题

1. 以下关于云开发数据库的说法错误的是(　　)。

  A. 云开发提供的数据库是 JSON 数据库

  B. 云开发提供的数据库是关系数据库

  C. 云开发中的一个数据库可以有多个集合

  D. JSON 数组中的每个对象就是一条记录，记录的格式是 JSON 对象

2. 以下关于关系数据库和 JSON 数据库的概念对应关系的说法错误的是(　　)。

  A. 关系数据库中的表对应 JSON 数据库中的集合

  B. JSON 数组中的每个对象就是一个字段，字段的格式是 JSON 对象

  C. 关系数据库中的行对应 JSON 数据库中的记录

  D. 关系数据库中的列对应 JSON 数据库中的字段

3. 以下关于云开发数据库资源配额的说法错误的是(　　)。

  A. 数据库的最大容量为 2GB

  B. 数据库的最大同时连接数是 20

  C. 数据库的集合最多是 100 个

  D. 数据库的 QPS 是 25

4. 以下关于小程序云开发资源系统参数限制的说法错误的是(　　)。

  A. 云函数数量：50 个

  B. 数据库流量：单次出包大小为 16MB

  C. 云函数(单次运行)运行内存：256MB

  D. 数据库单集合索引限制：25 个

5. 当 env 传入参数为对象时，可以指定各个服务的默认环境，以下正确的可选字段是(　　)。

  A. environment 数据库的运行环境

  B. database 数据库 API 默认环境配置

  C. storage 存储 API 默认环境配置

  D. functions 云函数 API 默认环境配置

6. 以下关于调用云函数的说法错误的是(　　)。

```
wx.cloud.callFunction({
  name: 'add',
  data: {
    a: 1,
    b: 2,
  },
  success: function(res) {
    console.log(res.result.sum) //3
  },
```

```
        fail: console.error
})
```
  A. add 是被调用的云函数名称

  B. a:1 b:2 是传给云函数的参数

  C. success()是接口调用成功的回调函数

  D. wx.cloud.callFunction 是被调用的云函数名称

7. 以下关于微信小程序云开发文件命名规则的说法错误的是(　　)。

  A. 不能以/开头

  B. 可以出现连续/

  C. 编码长度最大为 850B

  D. 推荐使用大小写英文字母、数字,即(a～z,A～Z,0～9)和符号 －,!,_,.,* 及其组合

8. 以下错误码提示错误的是(　　)。

  A. －401001 SDK 通用错误：无权限使用 API

  B. －401002 SDK 通用错误：API 传入参数错误

  C. －401003 SDK 通用错误：API 传入参数类型错误

  D. －501005 云资源通用错误：使用权限异常

9. 以下 API 存储的说法错误的是(　　)。

  A. uploadFile：上传文件

  B. receiVeFile：获取文件

  C. deleteFile：删除文件

  D. getTempFileURL：换取临时链接

10. 以下获取引用的 API 有(　　)。

  A. Database：获取数据库引用,返回 Database 对象

  B. serverDate：获取服务端时间,返回 Null

  C. Collection：获取集合引用,返回 Collection 对象

  D. Doc：获取对一个记录的引用,返回 Document 对象

豆豆云助教小程序的安装与运行

　　豆豆云助教是一款针对高校师生的课程小助手应用,包括学生端和教师端两个小程序,其中学生端包含课堂签到、随堂测试、自由练习、错题回顾等功能。本附录主要是对学生端豆豆云助教的安装运行,涉及后台操作,所以会用到 WampServer 和 Sublime 代码编辑器,以及新浪云平台。用户可通过图 A-1 和图 A-2 访问已正式发布的豆豆云助教学生端、豆豆云助教教师端小程序。

图 A-1　豆豆云助教学生端小程序　　　　图 A-2　豆豆云助教教师端小程序

A.1　豆豆云助教功能设计

　　开发一个项目前,需要先了解这个项目的功能需求,并针对所需的功能需求,画出整个项目的功能框架。豆豆云助教的功能框架如图 A-3 所示。下面简单介绍主要的几个部分。

1. 学生注册

　　第一次进入则打开注册界面,输入相关信息之后完成注册。

2. 加入课程

　　在主页面"课程"中,单击右上角的 按钮,在弹出的窗口中选择加入课程,输入教师所提供的课程号,单击"加入课程"即可加入该门课程。

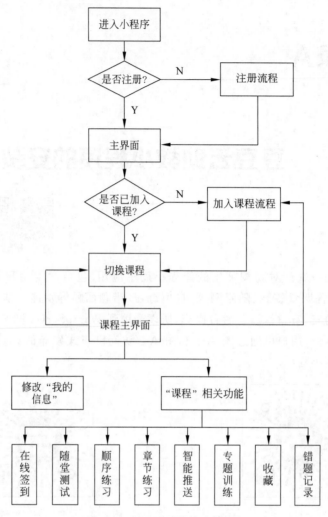

图 A-3　豆豆云助教的功能框架

3. 在线签到

在主界面"课程"中，单击"签到"即可进入签到列表。

4. 随堂测试

在主界面"课程"中，单击"随堂测试"即可开始测试。

5. 顺序练习

在主界面"课程"中，单击"顺序练习"即可开始按顺序做题。

6. 章节练习

在主界面"课程"中，单击"章节练习"，选择相应章节后即可开始按顺序做题。

7. 专项训练

在主界面"课程"中,单击"专项训练"即可开始专项训练。目前专项训练以易错题以及不同的题目类型进行分类。

8. 收藏

在做题过程中,用户可随时单击左下角的"收藏"对题目进行收藏。并在主界面"课程"中,单击"收藏"进入查看。

9. 错题记录

在平时的做题过程中,用户答错的题目可在主界面"课程"中,单击"答错"进入错题记录,以巩固学习。

A.2 豆豆云助教的安装流程

本节主要完成豆豆云助教学生端和教师端的安装,即成功将学生端和教师端代码在微信开发这个工具中运行起来。其中,豆豆云助教学生端和教师端的前端代码以及后台代码下载链接如下。

(1) 豆豆云助教学生端小程序代码下载地址为 https://gitee.com/xd435/doudou_stu。

(2) 豆豆云助教教师端小程序代码下载地址为 https://gitee.com/xd435/doudou_tea。

(3) 豆豆云助教后台服务程序代码下载地址为 https://gitee.com/xd435/doudou_demo_php。

数据库文件可以在本书提供的课件资料中下载。

在浏览器中打开代码的链接,下载豆豆云助教小程序代码和 PHP 后台程序代码。代码存放于名为"码云"的开源代码托管平台中。首次使用码云时,需要先注册一个账号并登录,登录后,单击"克隆/下载"按钮即可下载代码,如图 A-4 所示。

成功下载代码后,首先解压缩后台代码,然后在新浪云上新建一个应用,新建应用的操作可参考 9.2.1 节内容,本节案例新建的应用名为 doudouyun,新建应用后,进入应用管理

图 A-4 豆豆云助教小程序代码下载界面

页面，为该应用创建一个新的版本，用于存放豆豆云助教的后台代码，使用 SVN 仓库将解压缩后的后台代码传至新浪云，具体操作参考 9.2.2 节内容。

同时打开数据库与缓存中的共享型 MySQL 服务，以及 Memcached 服务。打开共享型 MySQL 服务后，进入数据库管理，导入 pingshifen.sql 文件，具体操作参考 9.2.3 节内容。

然后进入代码管理页面，单击"在线编辑"按钮进入代码编辑界面，打开 Application/Api/Conf/config_sae.php 和 Application/Common/Conf/config_sae.php 目录，修改数据库连接信息，如图 A-5 所示。将数据库名称、用户名和密码改为 doudouyun 应用所打开的共享型 MySQL 对应的数据库连接信息，如图 A-6 所示。

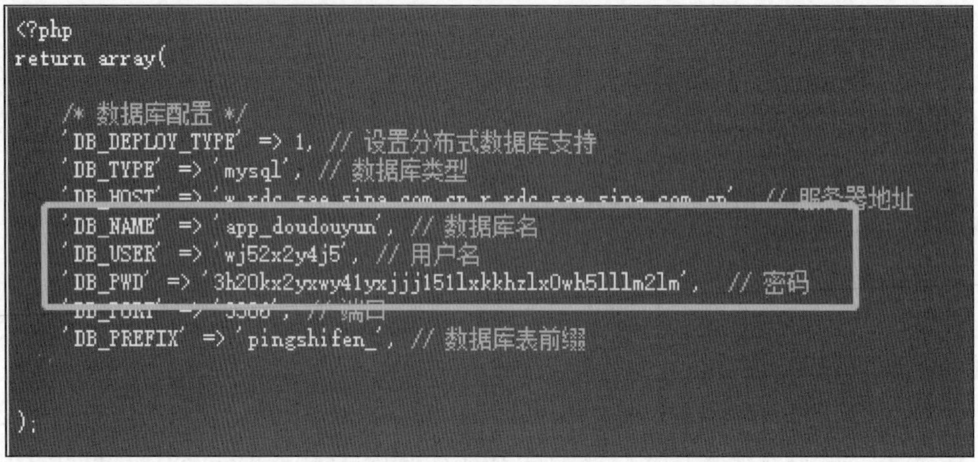

图 A-5 修改后台数据库连接信息

图 A-6 数据库连接信息

然后打开 Application/Common/Conf/config.php，修改公众号相关配置，如图 A-7 所示。其中 STU_APP_ID 和 STU_APP_SECRET 是学生端对应的 AppID 和 AppSecret，因此需要将这两个变量的值改为导入学生端项目时使用的 AppID，以及该 AppID 对应的 AppSecret。TEA_APP_ID 和 TEA_APP_SECRET 则对应的是教师端项目的 AppID 和 AppSecret。

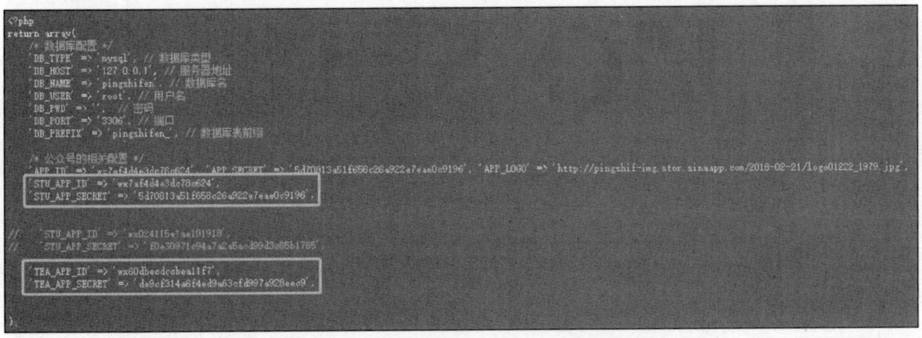

图 A-7　修改公众号相关配置

将豆豆云助教学生端和教师端前端代码解压缩。打开微信开发者工具，选择"导入项目"，项目目录选择解压后的学生端和教师端前端代码所在的目录。其中，学生端和教师端的两个项目需输入两个不同的 AppID。如果只是想看一下小程序的效果，使用同一个 AppID 也可以；如果需要将学生端和教师端正式发布，则需要使用两个 AppID。单击"导入"按钮即可。

A.2.1　豆豆云助教学生端

导入学生端项目后，会发现有较多报错，需要一个一个解决，才能正常运行。

1. Uncaught Error

Uncaught Error 错误提示如图 A-8 所示，根据错误提示可以找到目录 pages/app/answer/index/index.js 和 pages/app/answer/custom-swiper/index.js，两个 index.js 文件中第一行的 https 对应的路径有误，需要对第一行代码进行修改，修改后如图 A-9 所示。

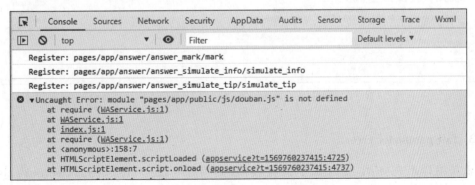

图 A-8　Uncaught Error 错误提示 1

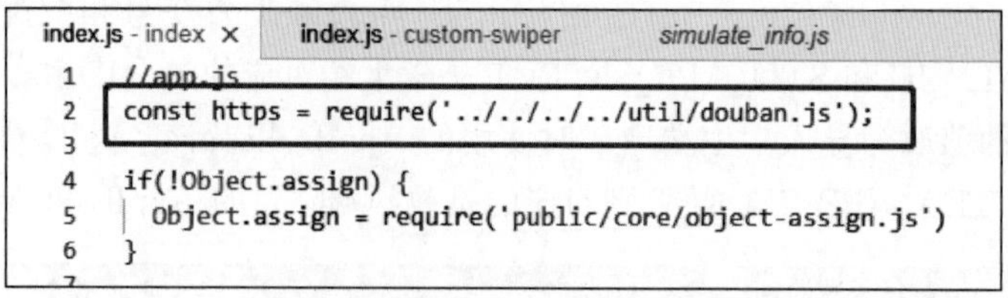

图 A-9 修改 https 对应的路径

重新编译后，发现又出现一个 Uncaught Error，如图 A-10 所示。根据错误提示可以找到目录 pages/app/answer/logs/logs.js，logs.js 文件中第一行 util 对应的路径有误，需要修改，修改后如图 A-11 所示。

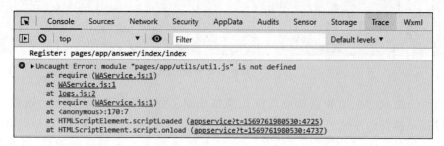

图 A-10　Uncaught Error 错误 2

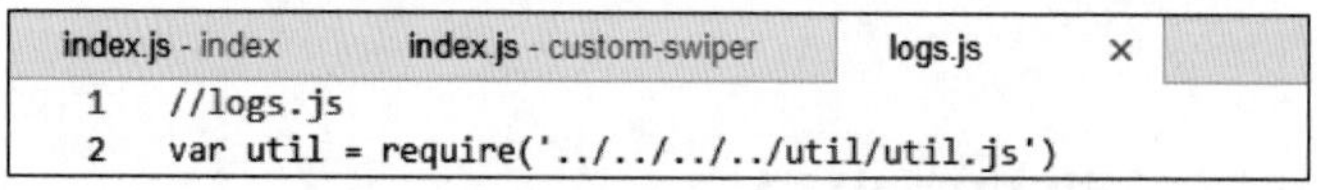

图 A-11　修改 util 对应的路径

2. 不在合法域名列表中

编译代码后，还会出现如图 A-12 所示的报错。这里需要单击"详情"按钮，然后单击"本地设置"按钮，并勾选"不校验合法域名"复选框，如图 A-13 所示。

图 A-12　不在合法域名列表中

3. fail parameter error

重新编译出现如图 A-14 所示的错误，找到目录 pages/my/settings/settings.js，将 settings.js 文件 data 数组中的 getStorage 改为 getStorageSync。

附录A　豆豆云助教小程序的安装与运行

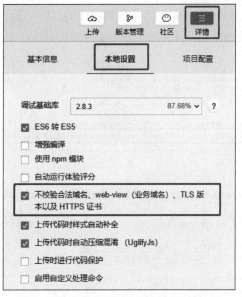

图 A-13　勾选"不校验合法域名"复选框

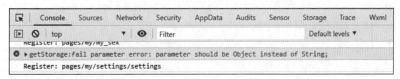

图 A-14　fail parameter error

修改完这些报错后，重新编译代码，发现调试器中没有报错了，但是模拟器会提示 invalid code，如图 A-15 所示，这是由于前端代码中还没有修改访问的后台地址。

图 A-15　提示 invalid code

这里需要修改 app.js 和 config.js 文件中的几行代码,其中 app.js 文件中 331 行代码所对应的 siteBaseUrl 需要修改为后台代码所对应的域名,即 https://doudouyun.applinzi.com,如图 A-16 所示。

```
index.js - index        index.js - custom-swiper        logs.js              settings.js
329
330        // siteBaseUrl: 'http://192.168.1.214/appoint',
331        // siteBaseUrl: 'https://pingshif.applinzi.com',
332        siteBaseUrl: 'https://doudouyun.applinzi.com',
333
```

图 A-16 修改 siteBaseUrl

同样,config.js 中的 host 和 apiUrl 的域名也要修改,修改后如图 A-17 所示。

```
index.js - index    index.js - custom-swiper    logs.js    settings.js    config.js
 3    */
 4    // var host = "https://pingshif.applinzi.com/"
 5    // var apiUrl = "https://pingshif.applinzi.com/api"
 6
 7    // var host = "http://2.pingshif.applinzi.com/"
 8    // var apiUrl = "http://2.pingshif.applinzi.com/api"
 9
10    // var host = "http://127.0.0.1/pingshifen"
11    // var apiUrl = "http://127.0.0.1/pingshifen/index.php/Api/Gateway/route"
12
13    var host = "https://doudouyun.applinzi.com"
14    var apiUrl = "https://doudouyun.applinzi.com/index.php/Api/Gateway/route"
15    var config = {
16        // 下面的地址配合云端 Server 工作
```

图 A-17 修改 host 和 apiUrl

修改后重新编译代码,模拟器出现如图 A-18 所示的页面,即说明豆豆云助教学生端安装成功。

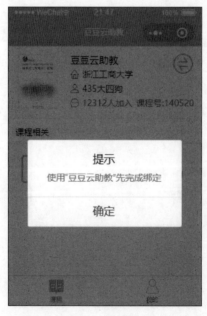

图 A-18 豆豆云助教学生端安装成功

A.2.2 豆豆云助教教师端

导入教师端项目后,出现报错,如图 A-19 所示。根据错误提示将 navigationBarTextStyle 值改为 white 或 black,如图 A-20 所示。

图 A-19 报错提示 1

```
"window": {
    "backgroundColor": "#9b59b6",
    "backgroundTextStyle": "#eee",
    "navigationBarBackgroundColor": "#9b59b6",
    "navigationBarTitleText": "豆豆云助教",
    "navigationBarTextStyle": "white"
},
```

图 A-20 修改 navigationBarTextStyle 值为 white 或 black

重新编译代码,出现新的报错,如图 A-21 所示。根据错误提示将 backgroundTextStyle 值改为 dark 或 light,如图 A-22 所示。

图 A-21 报错提示 2

```
"window": {
    "backgroundColor": "#9b59b6",
    "backgroundTextStyle": "dark",
    "navigationBarBackgroundColor": "#9b59b6",
    "navigationBarTitleText": "豆豆云助教",
    "navigationBarTextStyle": "white"
},
```

图 A-22 修改 backgroundTextStyle 值为 dark 或 light

重新编译代码后,弹出提示框提示使用"豆豆云助教"应先完成绑定,单击"确定"按钮,调试器中报错,如图 A-23 所示。这是由于前端代码缺少 userlogin 页面,解决方法:在 register 目录下新建 Page,命名为 userlogin,然后将学生端 userlogin 页面对应的代码复制、粘贴至教师端 userlogin 页面。

图 A-23 授权页面跳转失败

A.3 豆豆云助教的发布流程

A.3.1 预览豆豆云助教

单击"预览"按钮会生成一个二维码,用微信扫描该二维码即可在手机上预览小程序,如图 A-24 所示。

图 A-24 预览豆豆云助教

A.3.2 上传豆豆云助教代码

单击"上传"按钮,如图 A-25 所示。弹出如图 A-26 所示的对话框,单击"确定"按钮。
单击"确定"按钮后,需要填写版本号,版本号由字母与数字组成,开发者可以自己根据情况填写版本号,填完后,单击"上传"按钮即可,如图 A-27 所示。
出现如图 A-28 的对话框,单击"确定"按钮即可。

A.3.3 小程序信息填写

登录微信公众平台,在首页可进行小程序信息的填写,如图 A-29 所示。

附录A 豆豆云助教小程序的安装与运行

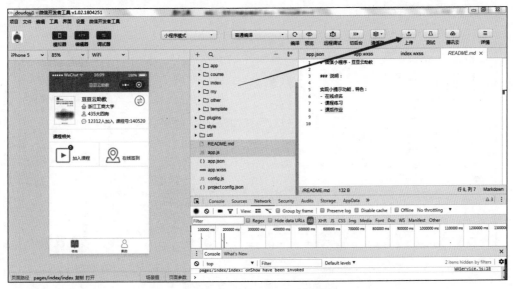

图 A-25 上传豆豆云助教代码

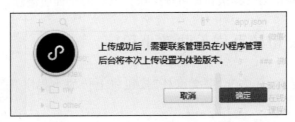

图 A-26 上传小程序提示对话框

图 A-27 小程序版本号填写

图 A-28 文件打包上传结果提示

243

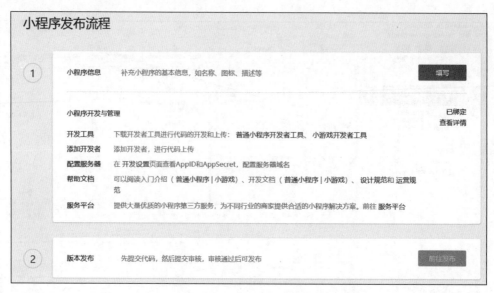

图 A-29 小程序发布流程界面

填写完信息后,单击"提交"按钮即可提交所要发布的小程序信息。

A.3.4 提交审核豆豆云助教小程序

小程序信息完善后,可单击"提交审核"按钮将上传的小程序开发版本提交审核,如图 A-30 所示。

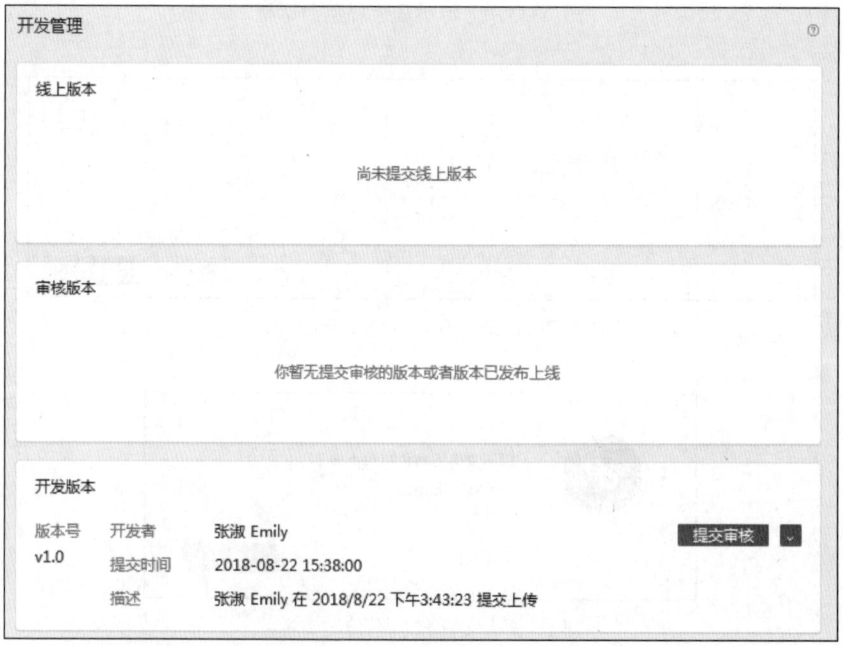

图 A-30 小程序提交审核界面

单击"提交审核"按钮后弹出"确认提交审核"对话框,单击"已阅读并了解平台审核规则",如图 A-31 所示。单击"下一步"按钮进入提交审核页面的信息填写阶段,如图 A-32 所示。

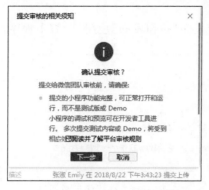

图 A-31　确认提交审核对话框

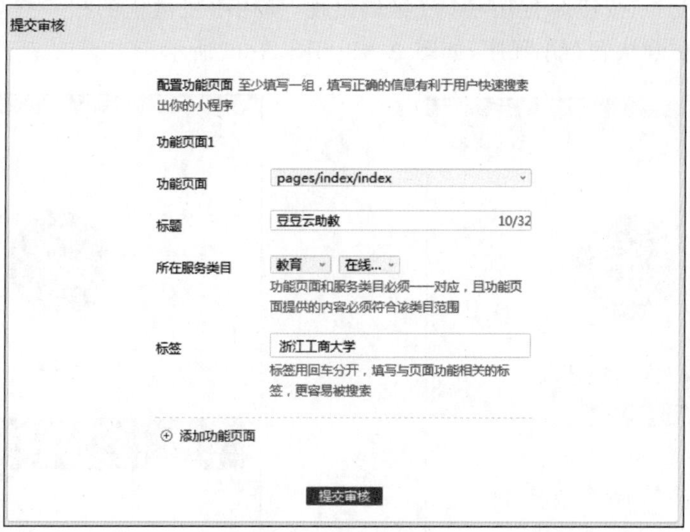

图 A-32　配置功能页面

提交审核后,审核版本会显示"审核中",如图 A-33 所示,需等待一段时间,微信会发送审核结果通知到手机微信端。

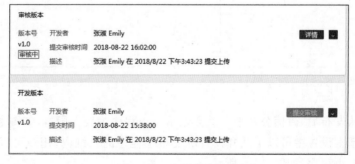

图 A-33　小程序审核中

A.3.5 发布豆豆云助教小程序

审核通过后,单击"提交发布"按钮发布豆豆云助教小程序,如图 A-34 所示。

图 A-34 小程序审核通过

单击"提交发布"按钮后会有一个二维码出现,使用手机微信的扫一扫功能扫描该二维码,即可在手机上确认发布小程序,如图 A-35 和图 A-36 所示。

图 A-35 移动端确认发布

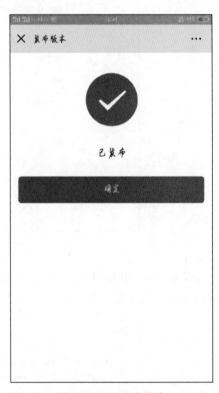

图 A-36 已发布状态

手机上确认发布后,微信公众平台上会显示该小程序为线上版本,如图 A-37 所示。

在设置→基本设置中可以下载开发者所发布小程序的二维码,用户可以通过扫描该二维码找到对应的小程序,如图 A-38 所示。

图 A-37　小程序线上版本信息

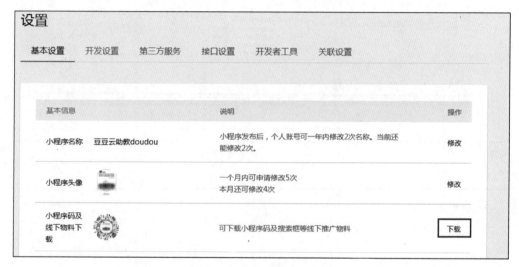

图 A-38　扫描小程序二维码

A.3.6　豆豆云助教运营数据

豆豆云助教小程序上线几个月以来，总注册人数近 9 千人，日均访问次数逾 3 万次，做题数据超过 510 万条，周活跃用户 3200 余人，签到数据约 6500 条。这些运营数据均可在微信公众平台的"统计"功能中查看。通过查看运营数据可以帮助更好地了解用户的需求，有针对性地对平台的功能进行调整和完善，提高用户的满意度。

1. 运营概况

可以查看累计访问人数、打开次数、新访问人数、总添加人数等相关数据，如图 A-39 所示。

2. TOP 受访页

可以看到用户集中访问了哪些页面，并针对高访问量的页面进行逻辑优化等。如图 A-40 所示。

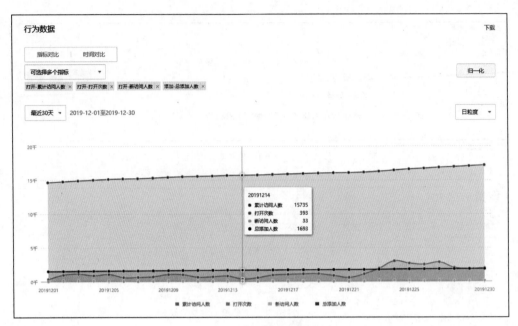

图 A-39　相关数据

TOP受访页

下载表格

最近30天　2018年12月16日 - 2019年01月15日

页面路径	访问次数	占比
1. pages/index/index	244368	34.11%
2. pages/app/answer/answer_info/info	213242	29.77%
3. pages/app/answer/answer_chapter/chapter	62981	8.79%
4. pages/course/course_change	45330	6.33%
5. pages/app/answer/answer_simulate_info/simulate_info	37832	5.28%
6. pages/app/answer/answer_simulate_tip/simulate_tip	34187	4.77%
7. pages/app/answer/answer_classify/classify	19530	2.73%
8. pages/my/index	16181	2.26%

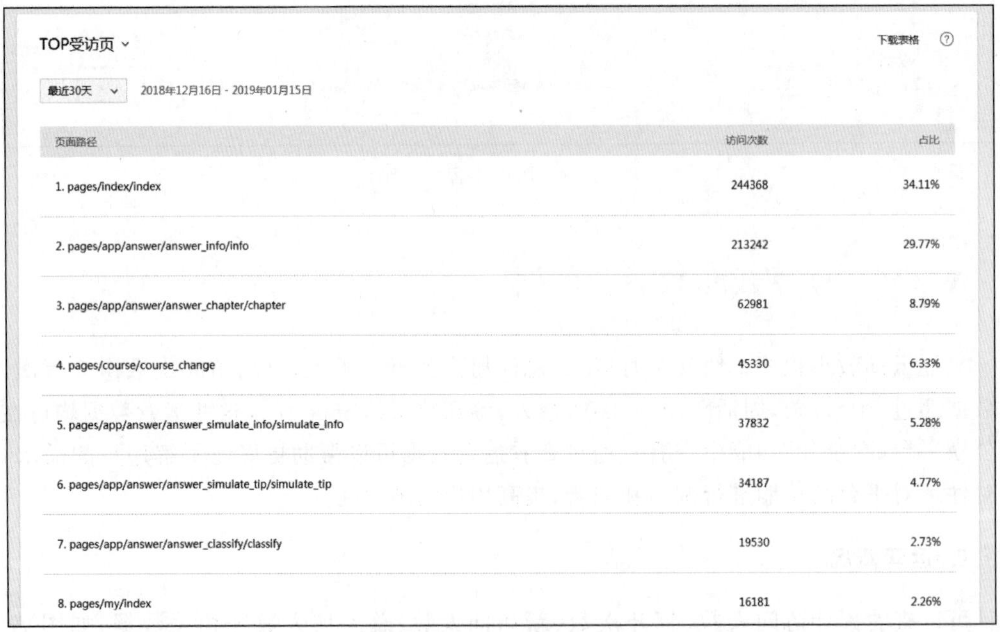

图 A-40　TOP 受访页

3. 用户画像

可看到用户性别及年龄分布、地区分布、终端及机型分布等。可根据用户画像对用户进行针对性的内容推送，如图 A-41 和图 A-42 所示。

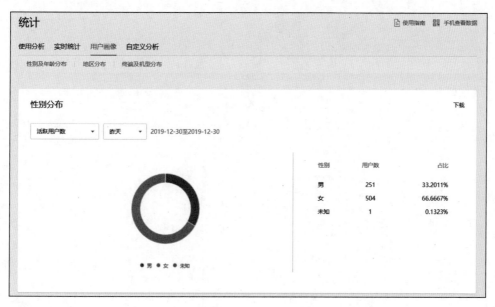

图 A-41 地区分布

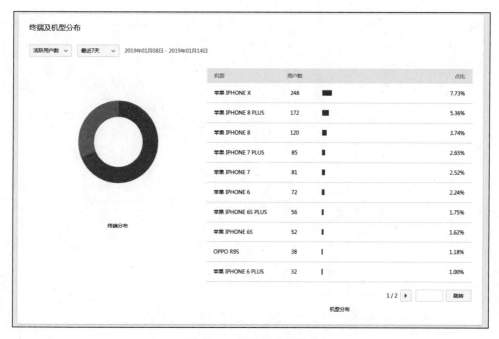

图 A-42 终端及机型分布

图书资源支持

感谢您一直以来对清华版图书的支持和爱护。为了配合本书的使用,本书提供配套的资源,有需求的读者请扫描下方的"书圈"微信公众号二维码,在图书专区下载,也可以拨打电话或发送电子邮件咨询。

如果您在使用本书的过程中遇到了什么问题,或者有相关图书出版计划,也请您发邮件告诉我们,以便我们更好地为您服务。

我们的联系方式:

地　　址: 北京市海淀区双清路学研大厦 A 座 701

邮　　编: 100084

电　　话: 010-83470236　010-83470237

资源下载: http://www.tup.com.cn

客服邮箱: 2301891038@qq.com

QQ: 2301891038(请写明您的单位和姓名)

资源下载、样书申请

书圈

扫一扫,获取最新目录

课程直播

用微信扫一扫右边的二维码,即可关注清华大学出版社公众号"书圈"。